考える力を育てる

強育ドリル

完全攻略
文章題
［初級編］

宮本算数教室・主宰
宮本哲也

小学校
3年生以上
算数

Contents

＊本書は、2005年に弊社より刊行された『頭がグングンよくなる強育ドリル 文章題』を改題・再編集したものです。

本書を手にとってくださった保護者の方へ

本書を手にされるのは、小学生のお子さんをお持ちの方が多いと思います。ご自身の経験を含めて、今まで一度も問題集を買ったことのない方はいらっしゃらないでしょう。

今までに何冊の問題集を買われましたか？

その中に、１冊丸ごと終わらせた問題集は何冊ありますか？

０冊という方が多いのではないでしょうか？

私自身も０冊です。

市販の問題集を見ますと「これでもか！」というくらい問題がぎっしりと詰まっていて、解いても解いてもなかなか前に進むことができません。それなのに解説はあっさりしていてわかりにくく、「この解説は問題が解けた人にしか理解できないのでは？」といつも思います。

この強育ドリルでは、問題数を本文25題、入試問題８題に絞りました。解説は子どもの目線に合わせて、可能なかぎりわかりやすくしましたので、算数に苦手意識のあるお子さんでも取り組めるはずです。

たいていの参考書、問題集には、公式が太枠で囲まれて書かれていますが、「こんなの、いらないのになあ」といつも感じます。公式に数字を当てはめて正解を出しても、楽しくないですよね。**式など気にせず、ひたすら書き出せばいいのです**。書き出しているうちに、問題の仕組みが分かり、自分で公式を編み出せるようになります。問題が解けるかどうかは、実はどうでもいいのです。**頭は使った分だけ確実に賢くなります**。

さあ、ケンとマリと一緒に、楽しく、真剣に悩んでみましょう。

はじめに

◎強育シリーズについて

2004年3月に、20年の塾講師人生で得たすべてを1冊にまとめた『強育論』を出版する機会に恵まれました。この本で親御さんたちに特に伝えたかったことは、「子どもの成長を妨げるな！」ということでした。私の願いは読者の方にストレートに伝わったようで、予想をはるかに上回る大きな反響を呼びました。

読者の方の『強育論』への反響にお応えして、2004年7月に『強育パズル1，2』、11月に『強育パズル3，4，5，6』を出す機会に恵まれました。

これは私の教室で使っているパズルをアレンジしたものです。私の教室では小学校3年生のお子さんからお預かりしていますが、最初の1年間はパズルしかやらせません。パズルは、算数の導入には非常に効果的です。数に対する興味を深め、センスを磨き、集中力、慎重さ、粘り強さを養うのに非常に役立っています。小3の授業は90分間休憩なしで行いますが、途中でだれることはありません。

1つの問題に対して10分間集中して取り組める姿勢さえ身につけば、算数の学力を高めるのは簡単なことです。

そしてこのたび、私の教室で小4から使用している「算数の教材」を出版できることになりました。それが本書です。実際に授業で使っている問題を、ご自宅でも使いやすいようにアレンジしてあります。「算数で遊ぼう！」をテーマに、私自身、とても楽しみながら作ることができました。

◎算数は楽しんだもの勝ち

算数とは、どんな教科でしょうか？「公式を覚えてそれに当てはめて答えを出す教科」と思っている方が少なくないでしょう。例えば、台形の面積は（上底＋下底）×高さ÷2という公式を覚えてから問題を解くと思っていませんか？　それで正解が出せたとしても楽しいでしょうか？

はっきり申し上げましょう。算数は楽しんだもん勝ちなのです。「楽しくなければ算数じゃない！」と言い換えることもできます。

では、算数の楽しさとは何でしょうか？「ああでもない、こうでもない」とひたすら考える（試行錯誤と言います）、そしていろいろな発見をし、こんがらがったものを少しずつほぐしていく、そして最後に正解に達する。これが楽しいのです。「うーん、どうしてもここのところがわからない！」と悩んだ期間が長ければ長いほど解けたときの喜びは大きいのです。だから、**絶対に解き方や答えを教えてはいけません。**

◎式は必要ない

「式をちゃんと書きなさい！」とついつい子どもに要求していませんか？

式はそんなに必要なものなのでしょうか？

実は「式なんていらない！」のです。

算数とは「数を算（かぞ）える」科目、数え方を工夫する科目です。それに最初から式だけで解ける問題なんて思考訓練にはなりません。式なんて答えが出てから考えればいいのです。

本書では子どもにとって最もわかりやすい解き方をまず紹介し、そのあとで別の解き方を紹介しています。解き方に優劣はありません。趣味の問題です。つまらない制約は設けず、お子さんに思う存分頭を使わせてあげてください。

◎できる子のノートはとてもきたない

私の授業にはテキストはありません。私が自分で作った問題を1題だけ黒板に書き、生徒たちはそれをノートに写してから一斉に解きはじめます。事前の解説、ヒントはありません。

形式は一斉授業ですが、生徒たちはそれぞれのノート上で、それぞれの戦いを繰り広げています。私はその戦いの様子を教室中を歩き回りながら観察します。制限時間は問題によって異なりますが、だいたい3～10分くらいです。**この時間に頭を使った分だけ、学力が伸びます。**

答えが出せた生徒は手を上げますが、私

はその生徒の答えを確認するだけで、それが正解か不正解かは伝えません。**時間のある限り、ひたすら見直しをさせます。**『強育論』にも書きましたが、どんなにできる子でも一発で正解を出せることはあまりありません（そういう易しい問題はほとんど出しません）。何度も何度も、書いたり消したりを繰り返します。そういう子どものノートは例外なく真っ黒なんです。きれいに数式だけが整然とならんでいるノートなんて一度も見たことがありません。

算数のできる子になってほしいと望むのであれば「式をちゃんと書きなさい！」は禁句です。楽しければそれでいいのです。きれいな数式を書く訓練は入試の３ヶ月前くらいからやれば間に合います。

◎ハラハラしながら黙って見守りましょう！

お子さんが問題と格闘している間は、口出しをせずに、じっと見守ってあげてください。親の堪え性が試される場面です。

お子さんが自分の意思で問題に取り組み、自分の力だけで１つの問題を解けたとき、ほんの少しですが、自信がつきます。その積み重ねが生きる力としての学力につながり、やがてはどんな難問にもひるまない強い心を育むことになります。「できないとかわいそうだから手伝ってあげる」というのは大間違いです。かわいそうなのは、できないことではなく、自力で何もできないまま年齢を重ねていくことです。

「子どもたちに強く育ってほしい！」という願いをこめて「強育ドリル」を世に送り出します。

- **１つの問題に10分間集中して取り組む姿勢が身につけば、算数の力は高められる。**
- **公式を使って解いても、何の思考訓練にもならない。算数がつまらなくなるだけ。**
- **できる子は、ノートを真っ黒にして試行錯誤しながら問題と闘う。**
- **自分の力で問題を解くことが大切。親は口出しせずに、じっと見守ることで、子どもは闘った分だけ自信と学力を獲得する。**

完全攻略・文章題
［初級編］
問題編
準備はいいかな？
では、はじめよう！

強育ドリルにチャレンジするきみへ

この本の使い方

1. それぞれの問題(もんだい)には、右ページに「考えるためのヒント」がついています。最初(さいしょ)は「考えるためのヒント」をかくして、問題にチャレンジしてみましょう。問題文の下のあいているところにどんどん書きこんでください。それで足りなければ、別(べつ)の紙を使いましょう。式や解(と)き方は気にしなくてもかまいません。なんでもありです。時間もいくらかかってもかまいません。

2. どうしてもわからなかったら、「考えるためのヒント」を見てください。これを見ても解けないときは、いったんあきらめましょう。答えが出ないうちに「解説(かいせつ)と答え」を読んでも、算数の力は身につきません。問題はやさしい順にならんでいるので、次の問題に進んでもうまくいきません。いったんあきらめて、しばらくしてからまた取り組んでください。

3. 答えが出たら、必ず見直しをすること。見直しができたら、「解説と答え」のページに進んでください。

4. 「別のやり方もできるよ」では、別の考え方もしょうかいしています。いろいろな考え方を身につけると、算数の力がどんどんつきます。

お楽しみ入試問題にチャレンジ

問題❶から順番に進んでいけば、中学入試問題が解けるようになります。ところどころにある「お楽しみ入試問題」にチャレンジしてみてください。

どうしても問題が解けないときは、いったんあきらめること。すぐ人にきいたり答えを見たりしては、算数ができるようになりません。大切なのは答えがわかることではなく、自分でねばり強く考え続けることです。別の日にまたチャレンジしてみましょう。

星(★)のしるしの意味

★は問題のむずかしさを表しています。

★☆☆　ルールが理解できればかんたん、かんたん。

★★☆　目のつけどころをまちがえなければ、これもかんたん。

★★★　ちょっとねばるとなんとかなるかも？
(たいていの中学入試問題はここまでのレベルで解けます)

問題❶

キャンディは何個もらえるかな？

キャンディが12個ある。じゃんけんに勝ったトムはリエより2個多くもらえるものとする。トムとリエはそれぞれキャンディを何個もらえるかな？

まずは
右ページを見ないで
考えてみよう!

答え

考えるためのヒント

なかよく半分こすればいいのに…。

これは問題(もんだい)なの。だから、そういうことは気にしなくていいのよ。

でも、どうやってわければいいのかしら？

まずは半分こしてみればいいのさ。

答えに自信のある人は次のページへ。
自信のない人はもう一度、解き直そう。

問題1 解説と答え

ケン、○を12個かいてごらん。

これでいいの？ 〈 ○○○○○○○○○○○○

マリ、半分こしてごらん。

こうかしら？ 〈 ○○○○○○ | ○○○○○○

ケン、それを上下にならべて、片方をトム、もう片方をリエにしてごらん。

こうかな？ 〈 トム ○○○○○○
リエ ○○○○○○

マリ、次にどうすればいいと思う？

トムの方が多いからリエがトムに1個あげればいいんじゃないかしら。

こうかな？ 〈 トム ○○○○○○○
リエ ○○○○○

そうするとどうなる？

あ、トムの方が2個多くなった！

ということは、トムが7個、リエが5個なんだね！

正解！

答え トム7個　リエ5個

別のやり方もできるよ

表をかいてもできるんだよ。知りたい？

知りた〜い！

こうやるんだ。まず、トムが全部取っちゃう。

トム	12	…
リエ	0	…
差（ちがい）	12	…

ひど〜い！　だから、問題なんだってば！

ケン、トムがリエにキャンディを1個あげると差（ちがい）はどうなる？

こうかな。

トム	12	11	…
リエ	0	1	…
差（ちがい）	12	10	…

そう！　マリ、続きをやってごらん。

こうかしら。

トム	12	11	10	9	8	7	6	5	4	3	2	1	0
リエ	0	1	2	3	4	5	6	7	8	9	10	11	12
差（ちがい）	12	10	8	6	4	2	0	2	4	6	8	10	12

問題にあてはまるのはどこかな？

トムがリエより2個多いんだから

…トム7個、リエ5個ね！

正解！

問題❷

黒コマと白コマ、それぞれ何個？

タロとジムがオセロをした。全部のコマをおき終えたとき、タロの黒コマはジムの白コマより30個多かった。黒コマと白コマはそれぞれ何個ある？

まずは右ページを見ないで考えてみよう！

答え

考えるためのヒント

オセロって何マスあるの？

8×8＝64（マス）よ。

そんなにあるの!?　表をかくだけでもたいへんだね！

なやむよりも手を動かそうよ。

は～い！

答えに自信のある人は次のページへ。
自信のない人はもう一度、解き直そう。

問題② 解説と答え

タロが勝ったんだから、全部黒コマにしてみましょう。こうかしら？

タロ（黒）	64	…
ジム（白）	0	…
差（ちがい）	64	…

そうそう！　ケン、続きをやってごらん。

はい！

タロ（黒）	64	63	62	61	60	59	58	57	56	55	…
ジム（白）	0	1	2	3	4	5	6	7	8	9	…
差（ちがい）	64	62	60	58	56	54	52	50	48	46	…

終わらな〜い！

泣くことないじゃないか。じゃ、マリ、続きをやってみて。

はい！

タロ（黒）	64	63	62	61	60	59	58	57	56	55	54	53	52	51	50	49	48	47	…
ジム（白）	0	1	2	3	4	5	6	7	8	9	10	11	12	13	14	15	16	17	…
差（ちがい）	64	62	60	58	56	54	52	50	48	46	44	42	40	38	36	34	32	30	…

あっ！　できたわ。黒コマが47個、白コマ17個ね！

正解！

答え　黒コマ47個　白コマ17個

別のやり方もできるよ

これぐらいの数だとかけばできるけど、ごはんが3000つぶならどうする？

3000つぶ!?　そんなにかけな〜い！

線分図という便利な道具があるんだ。知りたい？

知りた〜い！

線が長いほど数が多い
または大きいと
考えるんだ。

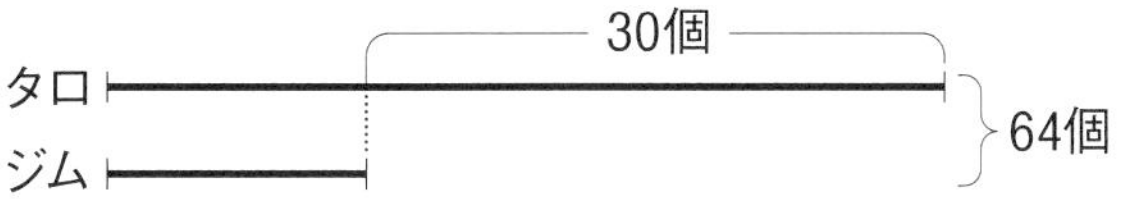

タロ
ジム
30個
64個

64－30＝34（個）は何を表すと思う？

それってこういう
ことかしら？

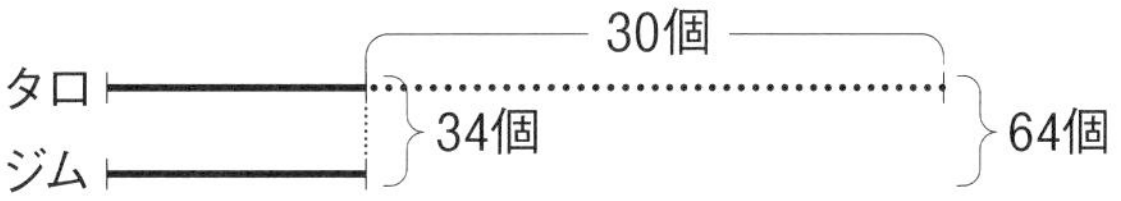

タロ
ジム
30個
34個
64個

あっ！　その34個はジムの白コマの2つ分だ！　じゃあ、34÷2＝17（個）が白コマの数だから、黒コマは17＋30＝47（個）なんだね！

64－17＝47（個）でも出せるわね。

正解！　では、最初の図にもどって、64＋30＝94（個）は何を表す？

こういうことかな？

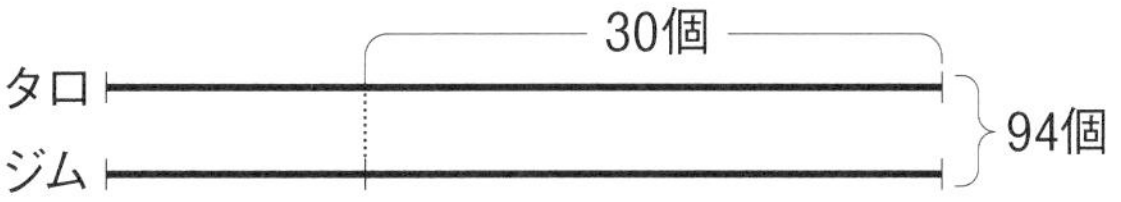

タロ
ジム
30個
94個

あっ！　それはタロの黒コマの2つ分だわ！
じゃあ、94÷2＝47（個）が黒コマで、47－30＝17（個）、
または64－47＝17（個）で白コマの数もわかるわ！

正解！

先生のつぶやき

いつも表よりも、線分図の方が
便利というわけじゃないんだよ。

問題❸

ごはんは、それぞれ何つぶ食べる？

3000つぶのごはんを、大介と小太郎で分ける。大介は小太郎より1200つぶ多く食べるとすると、大介と小太郎はそれぞれ何つぶのごはんを食べることになる？

まずは
右ページを見ないで
考えてみよう!

答え

考えるためのヒント

あ、ほんとうにそんな問題を出すのね。

表にしてみようかな。

大介	3000	2999	2998	2997	2996	2995	2994			…
小太郎	0	1	2	3	4	5	6			…
差（ちがい）	3000	2998	2996	2994	2992	2990	2988			…

これじゃあ無理だ。

わたしは線分図をかいてみようかしら。

答えに自信のある人は次のページへ。
自信のない人はもう一度、解き直そう。

問題3 解説と答え

3000－1200＝1800（つぶ）で、図にすると次のようになるわね。

すると、その1800つぶは小太郎が食べたごはんの2つ分ね。

1800÷2＝900（つぶ）が小太郎、

900＋1200＝2100（つぶ）、または3000－900＝2100（つぶ）が大介の分ね。

もう1つのやり方もためしてみよう。

3000＋1200＝4200（つぶ）

図にするとこうなるね。

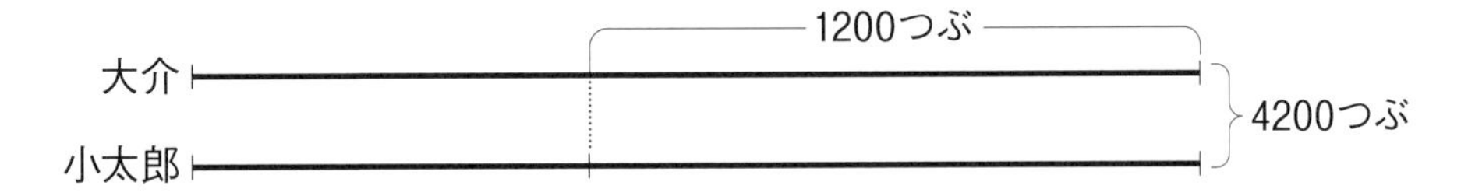

4200÷2＝2100（つぶ）が大介の分、

2100－1200＝900（つぶ）

または3000－2100＝900（つぶ）が小太郎の分ね。

正解！　2人ともかんぺきだよ。

答え　大介2100つぶ　小太郎900つぶ

別のやり方もできるよ

じつは最初にケンがかいた表も使えないわけじゃないんだ。

え？　そうなの？

知りたい？　　知りた〜い！

とちゅうをはぶいて表を続けると次のようになる。

差のところを見て何か気づいたことはない？

大介	3000	2999	2998	2997	2996	2995	2994	2993	…	
小太郎	0	1	2	3	4	5	6	7	…	
差（ちがい）	3000	2998	2996	2994	2992	2990	2988	2986	…	1200

2ずつ減ってるわね。

3000から見ると1200はいくつ減ってる？

3000－1200＝1800だけ減っているよ。

小太郎の0つぶのところからはじめて、1つぶ、2つぶ…と増やしていくと差が2ずつ減るんだ。1800つぶ減ったということは？

大介	3000	2999	2998	2997	2996	2995	2994	2993	…	
小太郎	0	1	2	3	4	5	6	7	…	
差（ちがい）	3000	2998	2996	2994	2992	2990	2988	2986	…	1200

あ！　1800÷2＝900で、小太郎が900つぶだということがわかるわ！

正解！

問題❹

それぞれ何匹サカナを食べたかな？

お父さんペンギンのベン、お母さんペンギンのリリ、子どもペンギンのケイがいる。きのうは3羽で合計20匹のサカナを食べた。リリはケイより2匹多く食べ、ベンはリリより1匹多く食べた。ベン、リリ、ケイはそれぞれ何匹のサカナを食べたのかな？

まずは
右ページを見ないで
考えてみよう！

答え

考えるためのヒント

とりあえず、わってみよう。

20÷3＝6…2

あ〜ん、わり切れないよ。

わり切れなくてもいいんじゃない？　あまりの2匹はとりあえず、ベンにあげちゃって、リリとケイは6匹ずつにしてみましょう。

ベン	8												…
リリ	6												…
ケイ	6												…
和（合計）	20												…

あ！　これなら解けるかも！

答えに自信のある人は次のページへ。
自信のない人はもう一度、解き直そう。

問題④ 解説と答え

たしかにこれで合計は20匹になるね。ベンはリリより1匹多く、リリはケイより2匹多いんだから、ケイからリリに1匹あげるとどうなるのかな。

ベン	8	8	…
リリ	6	7	…
ケイ	6	5	…
和（合計）	20	20	…

ベンはリリより8－7＝1（匹）多い。

リリはケイより7－5＝2（匹）多い。

3羽の合計は8＋7＋5＝20（匹）…ケン、あってるわよ！

やったー！　でも、こんなやり方でいいのかなあ。

確かめまできちんとやっているから、この解き方でもいいよ。

ほかの解き方も知りたい？

知りた〜い！

答え　ベン8ひき　リリ7ひき　ケイ5ひき

別のやり方もできるよ

ケイの分を0匹とする。　ひど〜い！

問題なんだって。ケイを0匹とするとリリはケイより2匹多いから2匹、ベンはリリより1匹多いから2＋1＝3（匹）になり、3羽で合計0＋2＋3＝5（匹）食べたことになる。

ベン	3	…
リリ	2	…
ケイ	0	…
和（合計）	5	…

マリ、次にどうすると思う？

ケイに1匹あげてみようかな。すると
リリは1＋2＝3（匹）、ベンは3＋1＝4（匹）になり、
3羽で合計1＋3＋4＝8（匹）食べたことになるわね。

ケン、続きはわかるかな？

うん！　ケイが2匹、リリは2＋2＝4（匹）、ベンは4＋1＝5（匹）で、合計2＋4＋5＝11（匹）。これを続けていくとこうなるね。

ベン	3	4	5	6	7	8	…
リリ	2	3	4	5	6	7	…
ケイ	0	1	2	3	4	5	…
和（合計）	5	8	11	14	17	20	…

合計が20匹になっているところが答えだね。
ベンが8匹、リリが7匹、ケイが5匹だ！

正解！

一番少ないところを
0からはじめると
うまくいくことが多いよ。

問題 5

それぞれ何匹（ひき）サカナを食べたかな？

お父さんトドのドン、お母さんトドのリン、子どもトドのゲンがいる。きのうは3頭で合計200匹（びき）のサカナを食べた。ドンはリンより40匹多く食べ、リンはゲンより50匹多く食べた。ドン、リン、ゲンはそれぞれ何匹のサカナを食べたのかな？

答え

考えるためのヒント

ずいぶんたくさん食べるね。

だって、大きいもん。そんなことより問題を解きましょう。

うん！　表をかいてみようかな。まず、ゲンの分を0匹とする。問題とわかっていてもかわいそうだね。リンはゲンより50匹多いから

0＋50＝50（匹）。

ドンはリンより40匹多いから50＋40＝90（匹）。

3頭で合計0＋50＋90＝140（匹）。

表にするとこうなるね。

ドン	90												…
リン	50												…
ゲン	0												…
和（合計）	140												…

答えに自信のある人は次のページへ。
自信のない人はもう一度、解き直そう。

問題5 解説と答え

これを続けていけばいいんだね。

ゲンが1匹ならリンは1＋50＝51（匹）、ドンは51＋40＝91（匹）、

3頭で合計1＋51＋91＝143（匹）…こんどはあきらめないぞ！

ドン	90	91	92	93	94	95	96	97	98	99	100	101	102	103	104	105	106	107	108	109	110	…
リン	50	51	52	53	54	55	56	57	58	59	60	61	62	63	64	65	66	67	68	69	70	…
ゲン	0	1	2	3	4	5	6	7	8	9	10	11	12	13	14	15	16	17	18	19	20	…
和（合計）	140	143	146	149	152	155	158	161	164	167	170	173	176	179	182	185	188	191	194	197	200	…

できた！　合計が200匹になるところが答えだから、ドンは110匹、リンは70匹、ゲンは20匹だ！

正解！　ちょっと下の表を見てごらん。

ドン	90	91	92	93	94	95	96	…		
リン	50	51	52	53	54	55	56	…		
ゲン	0	1	2	3	4	5	6	…		
和（合計）	140	143	146	149	152	155	158	…		200

3　3　3　3　3　3

60

あ！　60÷3＝20（匹）で、これがゲンの数ね！　20＋50＝70（匹）で、これはリン、70＋40＝110（匹）で、これがドンの分だわ！

正解！

答え　ドン110ぴき　リン70ぴき　ゲン20ぴき

別のやり方もできるよ

この問題も線分図で解けるんだ。やりたい？

やりた～い！

マリ、3頭の線分図をかいてごらん。

こうかしら。

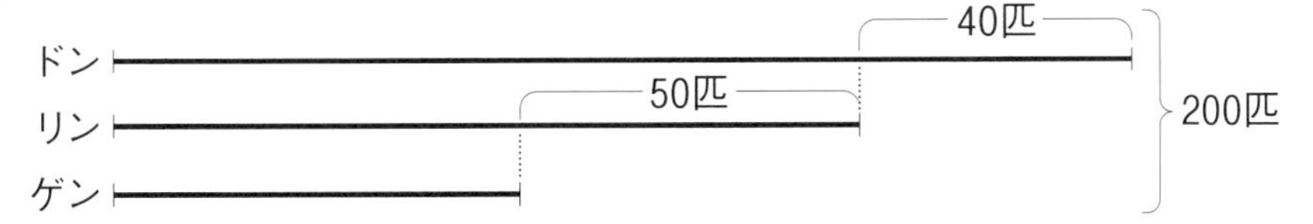

ドンとリンの線の長さを一番短いゲンと同じにするには、200から合計いくつ引けばいいと思う？

うーん、ちょっとむずかしいわね。でも、こうかしら。

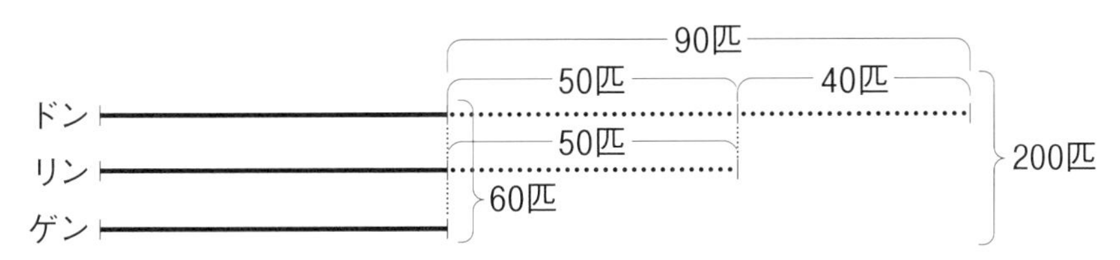

式は

200－90－50＝60（匹）、または200－（90＋50）＝60（匹）だね！

これがゲンの3つ分だから

60÷3＝20（匹）がゲン、

20＋50＝70（匹）がリン、

70＋40＝110（匹）がドンだ！

正解！

お楽しみ入試問題 ❶

大小２つの数の小さい方はいくつ？

大小２つの数があります。２つの数の和は55、２つの数の差は11のとき、小さい方の数を求めなさい。 （武蔵野女子学院中学）

答え

考えるためのヒント

合計が55だから、表にするとこうなるね。

大	55											
小	0											
差	55											

												…
												…
												…

線分図だとこうね。

大 |――――――――――――――――――――|

小 |――――――――――|

答えに自信のある人は126ページへ。
自信のない人はもう一度、解き直そう。

お楽しみ入試問題 ❷

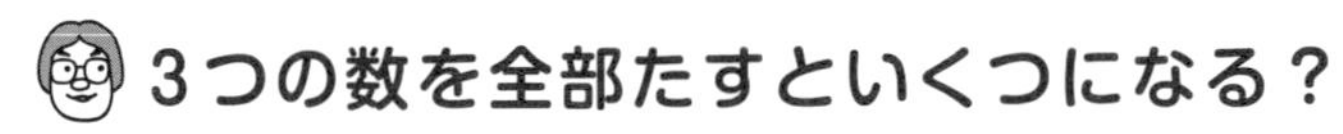

3つの数を全部たすといくつになる？

A,B,C ３つの数があって、AからBをひくと13、AからCをひくと31、BとCをたすと62になりました。このとき、A,B,C ３つの数を全部たすといくつになりますか。（明大中野中学）

まずは
右ページを見ないで
考えてみよう！

答え

考えるためのヒント

Cが一番小さいから、表にするとこうなるね。

A	31											…
B	18											…
C	0											…

線分図だとこんなかんじね。

A

B

C

答えに自信のある人は126ページへ。
自信のない人はもう一度、解き直そう。

問題❻

お年玉はそれぞれ何円？

権蔵（ごんぞう）じいさんが3人の孫（まご）にお年玉を合計15000円置いていった。太郎は次郎より1000円多く、次郎は三郎より1000円多くもらった。太郎、次郎、三郎はそれぞれ何円ずつもらったかな。

まずは
右ページを見ないで
考えてみよう!

答え

考えるためのヒント

ぼくは表をかく！

太郎	2000	…
次郎	1000	…
三郎	0	…
和（合計）	3000	…

わたしは線分図をかくわ！

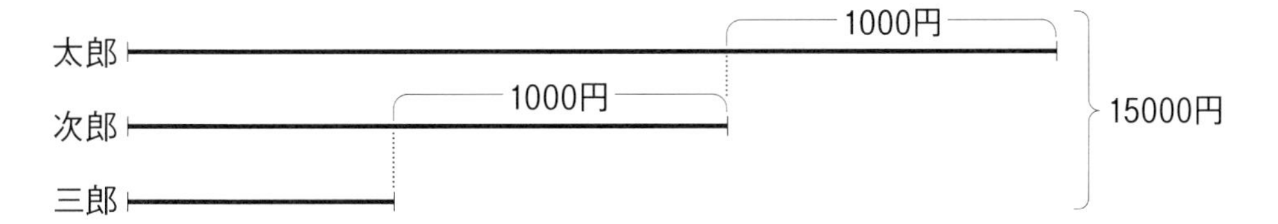

答えに自信のある人は次のページへ。
自信のない人はもう一度、解き直そう。

問題6 解説と答え

表の続きをかくとこうなるね。

太郎	2000	3000	4000	5000	6000	…
次郎	1000	2000	3000	4000	5000	…
三郎	0	1000	2000	3000	4000	…
和（合計）	3000	6000	9000	12000	15000	…

できた！　太郎が6000円、次郎が5000円、三郎が4000円だ！

線分図の続きをかくとこうなるわね。

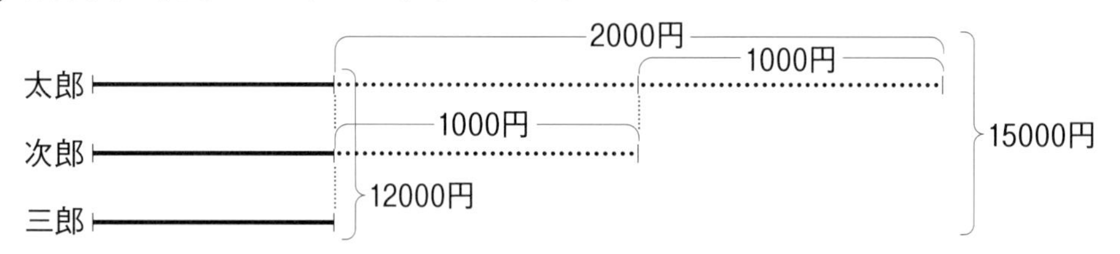

15000－2000－1000＝12000（円）

または15000－（2000＋1000）＝12000（円）

これが三郎の3つ分だから、

12000÷3＝4000（円）が三郎

4000＋1000＝5000（円）が次郎

5000＋1000＝6000（円）が太郎

ケンと同じ答えになったわ！

正解！　2人とも

かんぺきです！

答え　太郎6000円　次郎5000円　三郎4000円

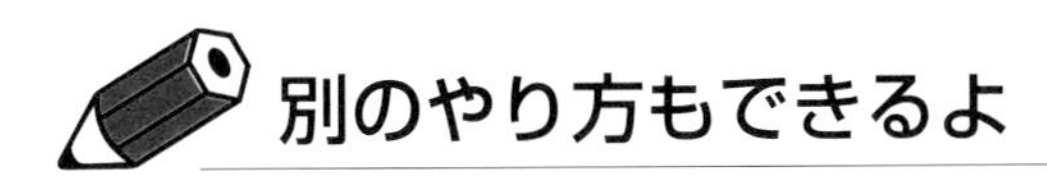

別のやり方もできるよ

ケン、その表を見て式を考えてごらん。

増え方がどこも3000円だから…

太郎	2000	3000	4000	…	6000	
次郎	1000	2000	3000	…	5000	
三郎	0	1000	2000	…	4000	
和（合計）	3000	6000	9000	…	15000	

3000　3000

12000

12000÷3＝4000（円）で、これが三郎。

次郎は4000＋1000＝5000（円）。

太郎は5000＋1000＝6000（円）。できた！

正解！　ではマリ、線分図を一番長い太郎にそろえてごらん。

こうかしら。

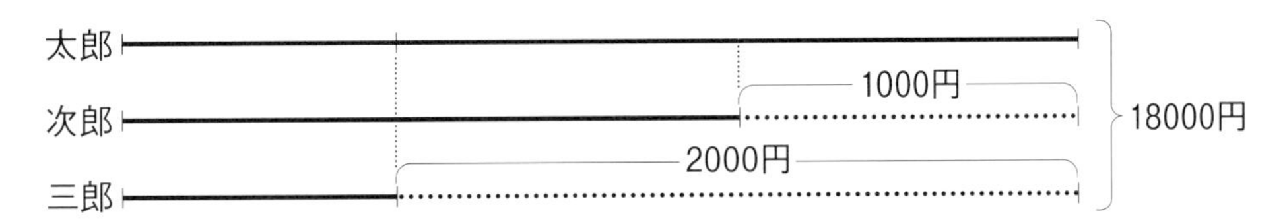

15000＋1000＋2000＝18000（円）で、これが太郎の3つ分ね。

18000÷3＝6000（円）が太郎、6000－1000＝5000（円）が次郎。

5000－1000＝4000（円）が三郎。できたわ！

正解！　2人ともすばらしいね！

先生のつぶやき

一番長いのにそろえても
もちろん解けます。

問題❼

それぞれ何個どんぐりをひろったかな？

お父さんリスのコロ、お母さんリスのハナ、子リスのララの3匹がどんぐりひろいに行きました。コロはララの3倍のどんぐりをひろい、ハナはララの2倍のどんぐりをひろいました。3匹がひろったどんぐりの合計は30個でした。コロ、ハナ、ララはそれぞれ何個のどんぐりをひろったでしょう？

まずは右ページを見ないで考えてみよう!

答え

考えるためのヒント

表をかいてみようっと。ララが0個のとき、ハナは0×2＝0（個）。

あれ？　ハナも0個になっちゃった。そうするとコロも0×3＝0（個）だな。

気にせずに先に進もう。

は～い！　ララが1個のとき、ハナは1×2＝2（個）、

コロは1×3＝3（個）…

コロ	0	3											…
ハナ	0	2											…
ララ	0	1											…
和（合計）	0	6											…

わたしは線分図をかいてみるわ。

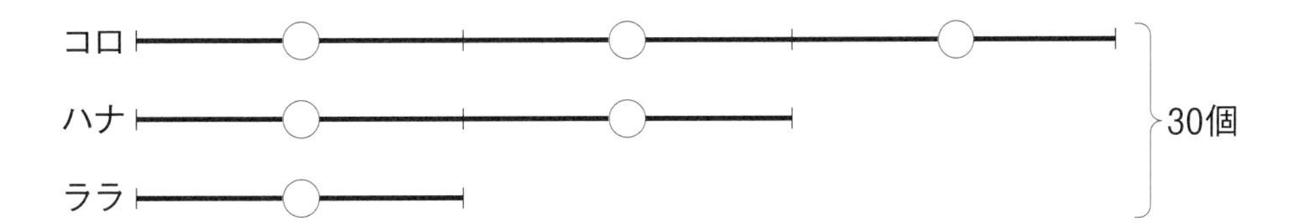

答えに自信のある人は次のページへ。
自信のない人はもう一度、解き直そう。

問題7 解説と答え

続きをかいてみようっと。ララが2個だとハナは2×2＝4（個）、コロは2×3＝6（個）だね。

コロ	0	3	6	9	12	15	…
ハナ	0	2	4	6	8	10	…
ララ	0	1	2	3	4	5	…
和（合計）	0	6	12	18	24	30	…

できた！　コロが15個、ハナが10個、ララが5個だ！

正解！

これって、前の問題よりかんたんじゃないかしら？

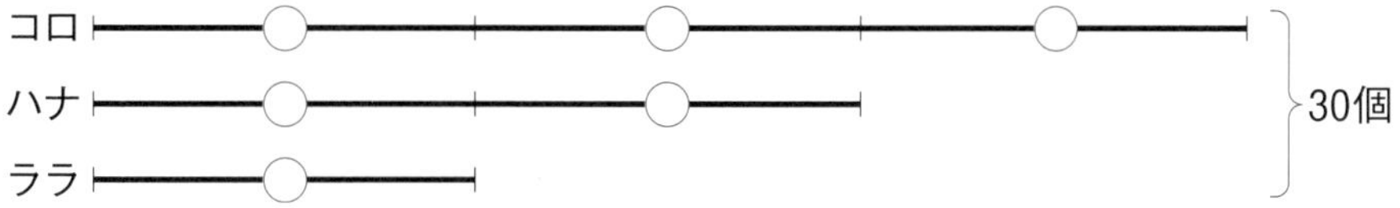

コロ
ハナ
ララ
30個

ハナはララの2つ分、コロはララの3つ分だから、3匹の合計はララの1＋2＋3＝6（つ分）よね。

30÷6＝5（個）がララ、

5×2＝10（個）がハナ、

5×3＝15（個）がコロ。

正解！　2人ともかんぺきだね！

答え　コロ15個　ハナ10個　ララ5個

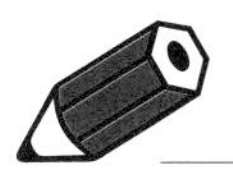

別のやり方もできるよ

ケン、その表から式を作ってごらん。

増え方が6個ずつだから…

コロ	0	3	6	…	15	…
ハナ	0	2	4	…	10	…
ララ	0	1	2	…	5	…
和(合計)	0	6	12	…	30	…

6　6　30

30÷6＝5(個)がララ、

5×2＝10(個)がハナ、

5×3＝15(個)がコロ。

正解！

問題❽

それぞれ何個どんぐりをひろったかな？

お父さんクマのゴン、お母さんクマのタカ、子グマのロンの3頭がどんぐりひろいに行きました。ゴンはタカの2倍のどんぐりをひろい、タカはロンの3倍のどんぐりをひろいました。3頭がひろったどんぐりの合計は400個でした。ゴン、タカ、ロンはそれぞれ何個のどんぐりをひろったでしょう？

まずは
右ページを見ないで
考えてみよう!

答え

考えるためのヒント

そうくると思ったよ。表をかいてみよう。

ロンが0個のとき、タカも0×3＝0（個）。ゴンも0×2＝0（個）。

ロンが1個のとき、タカは1×3＝3（個）。ゴンは3×2＝6（個）だ。

3頭の合計は1＋3＋6＝10（個）。

ゴン	0	6											…
タカ	0	3											…
ロン	0	1											…
和（合計）	0	10											…

わたしは線分図をかいてみよう。タカはロンの3倍で、

ゴンはタカの2倍だからロンの3×2＝6（倍）ね。

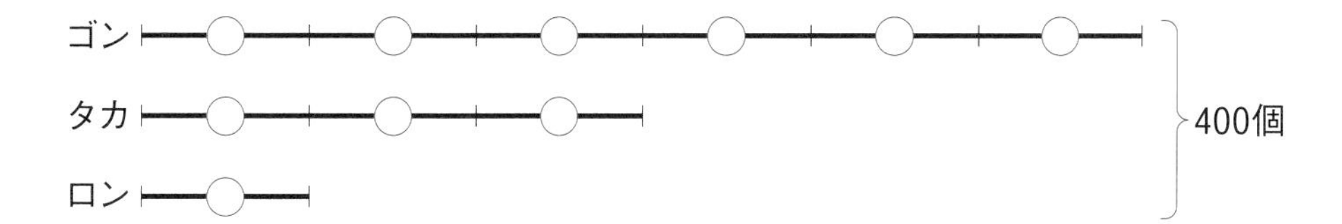

答えに自信のある人は次のページへ。
自信のない人はもう一度、解き直そう。

問題 8 解説と答え

続きをかいてみるね。ロンが2個だとタカは2×3＝6（個）、ゴンは6×2＝12（個）だね。これを続けていくとこうなるな。

ゴン	0	6	12	18	24	30	…		…
タカ	0	3	6	9	12	15	…		…
ロン	0	1	2	3	4	5	…		…
和（合計）	0	10	20	30	40	50	…	400	…

ちょっと式を考えてみようかな。

ゴン	0	6	12	18	24	30	…		…
タカ	0	3	6	9	12	15	…		…
ロン	0	1	2	3	4	5	…		…
和（合計）	0	10	20	30	40	50	…	400	…

10 10 10 10 10
400

400÷10＝40（個）で、これがロン。
40×3＝120（個）で、これはタカ、120×2＝240（個）で、これはゴン。
ためしにたしてみようかな。40＋120＋240＝400（個）！
あ、やっぱりこれでいいんだ！

正解！

400個はロンのひろったどんぐりの1＋3＋6＝10（倍）にあたるから、
400÷10＝40（個）で、これがロン。40×3＝120（個）で、これはタカ、
40×6＝240（個）
で、これはゴンね。
できた！

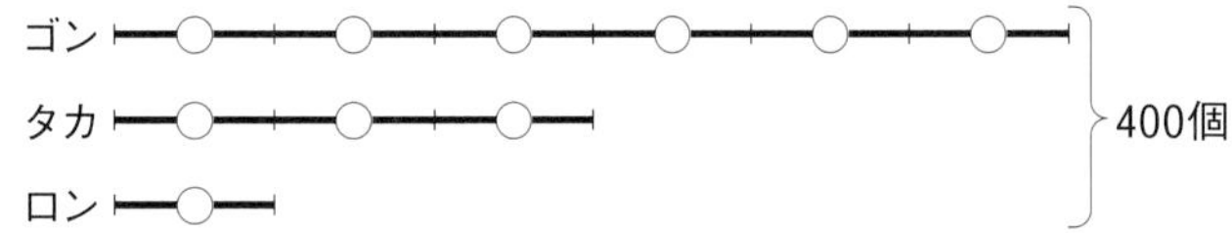

正解！　2人ともかんぺき！
すばらしい！

答え　ゴン240個　タカ120個　ロン40個

別のやり方もできるよ

ぼくとマリはずっとちがう解き方をしているけど、どっちがいいのかなあ。

どっちでもいいよ。

マリの解き方のほうがかっこいいと思うんだけど…

そんなことはないよ。どちらの解き方も同じくらい大切で、
同じくらいかっこいいよ。

よかった！

問題❾

算数、国語、理科、社会、それぞれ何点？

ユキの4教科のテストの合計点は260点です。算数は国語より20点高く、国語は理科より10点低い。理科は社会より20点高い。ユキの算数、国語、理科、社会の点数はそれぞれ何点かな。

まずは
右ページを見ないで
考えてみよう！

答え

考えるためのヒント

うーん、ずいぶんむずかしいなあ。

下の図を使って、一番点数の低い教科がどれか考えてごらん。

低い ―――――――――― 高い

はい！　算数は国語より20点高い。こうなるな。

低い ―― 国 ―― 算 ―― 高い（国と算の差 20）

国語は理科より10点低い。ということは理科は算数より20－10＝10（点）低いからこうなるんだな。

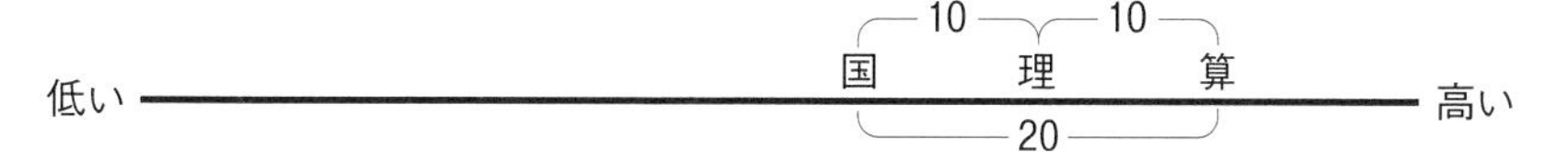

理科は社会より20点高い。ということは社会は国語より20－10＝10（点）低いからこうなるんだな。

低い ―― 社 ―― 国 ―― 理 ―― 算 ―― 高い（社・国・理・算の間はそれぞれ10、社と理の差 20）

一番点数が低いのは社会だ！　よし、表をかこう！　一番点数の低い社会を0点としてみよう。社会が0点なら国語は10点、
理科は10＋10＝20（点）、算数は20＋10＝30（点）だ。

算数	30											…
理科	20											…
国語	10											…
社会	0											…
和（合計）	60											…

答えに自信のある人は次のページへ。
自信のない人はもう一度、解き直そう。

問題9 解説と答え

表の続きをかくね。社会が1点なら国語は1＋10＝11（点）、理科は11＋10＝21（点）、算数は21＋10＝31（点）だね。これを続けると…

算数	30	31	32	33	34	35	…			…
理科	20	21	22	23	24	25	…			…
国語	10	11	12	13	14	15	…			…
社会	0	1	2	3	4	5	…			…
和（合計）	60	64	68	72	76	80	…	260		…

式を考えてみよう。

算数	30	31	32	33	34	35	…			…
理科	20	21	22	23	24	25	…			…
国語	10	11	12	13	14	15	…			…
社会	0	1	2	3	4	5	…			…
和（合計）	60	64	68	72	76	80	…	260		…

4　4　4　4　4

200

4ずつ増えているから、200÷4＝50（点）で、これが社会。

50＋10＝60（点）で、これは国語。60＋10＝70（点）で、これは理科。

70＋10＝80（点）で、これは算数。

ねんのために確かめをやっておこうかな。

50＋60＋70＋80＝260（点）！　やったー！

はい、正解！

答え　算数80点　理科70点
国語60点　社会50点

別のやり方もできるよ

ではマリ、線分図をかいてごらん。

はい！　問題文から、算数は理科よりも10点高く、理科は国語より10点高く、国語は社会より10点高いことがわかるので、線分図に表すと次のようになるわけね。

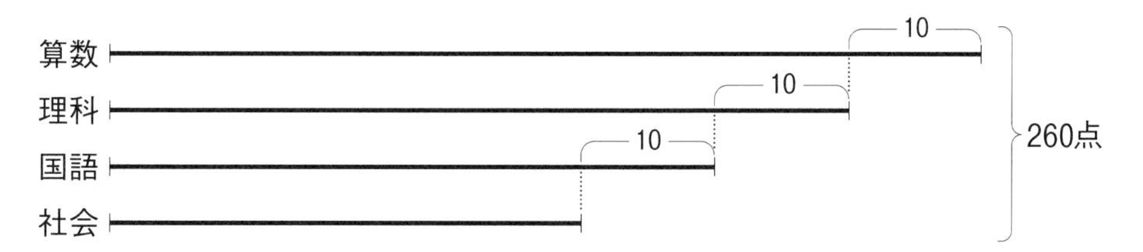

算数は社会より10＋10＋10＝30（点）高い。理科は社会より10＋10＝20（点）高い。国語は社会より10点高いので、一番短い社会にそろえると260－30－20－10＝200（点）、

または260－(30＋20＋10)＝200（点）で、これが社会の4つ分ね。

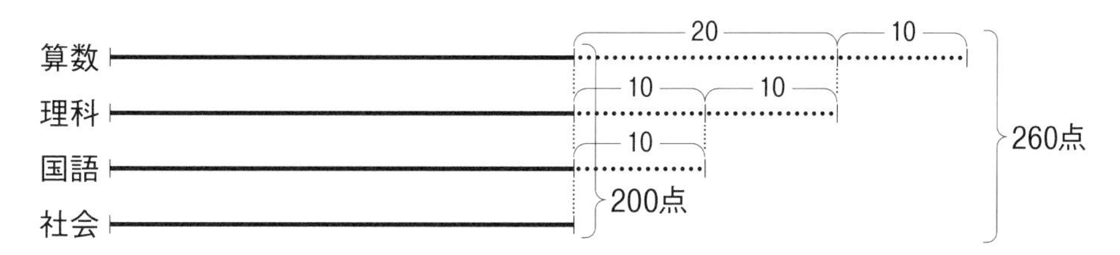

200÷4＝50（点）で、これが社会。50＋10＝60（点）で、これが国語。

60＋10＝70（点）で、これが理科。

70＋10＝80（点）で、これは算数ね。

正解！

問題⑩

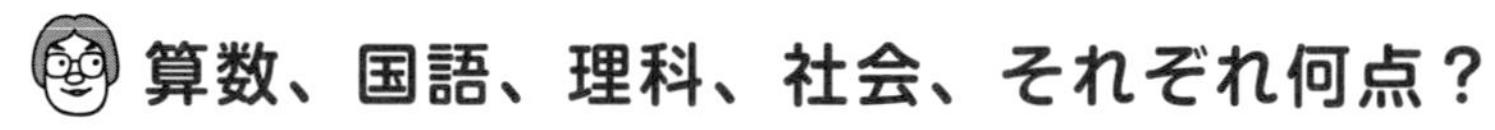

算数、国語、理科、社会、それぞれ何点？

タケシの4教科のテストの合計点は215点です。算数は国語の2倍、国語は理科より15点低い。理科は社会より40点高いが算数より低い。タケシの算数、国語、理科、社会の点数はそれぞれ何点かな。

まずは
右ページを見ないで
考えてみよう！

答え

考えるためのヒント

うーん、これもむずかしいなあ。

下の図を使って、一番点数の低い教科がどれか考えてごらん。

低い ――――――――――――――――――――――― 高い

はい！　算数は国語の2倍で、国語は理科よりも15点低く、理科は算数より低いから、こうなるね。

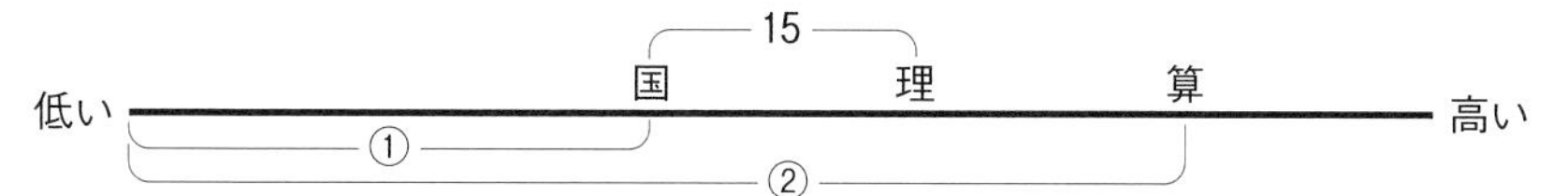

理科は社会より40点高いということは、社会は国語より40－15＝25（点）低いんだな。

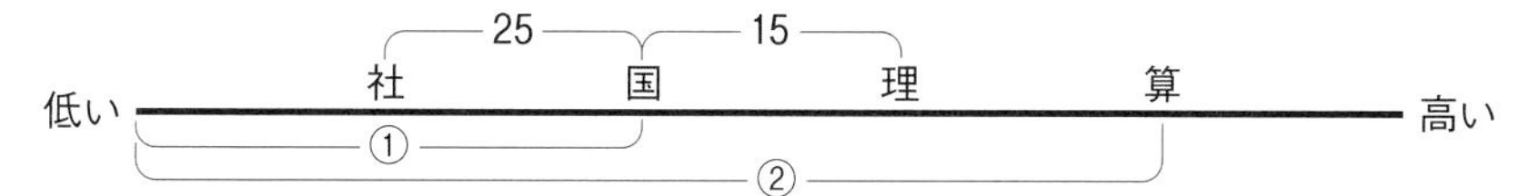

一番点数が低いのは社会だ。これで、表がかけるね。一番点数の低い社会を0点としてみよう。社会が0点なら国語は25点、理科は40点、算数は25×2＝50（点）だ。4教科の合計点は0＋25＋40＋50＝115（点）だ。

算数	50										…
理科	40										…
国語	25										…
社会	0										…
和（合計）	115										…

答えに自信のある人は次のページへ。
自信のない人はもう一度、解き直そう。

問題⑩ 解説と答え

表の続きをかくね。社会が1点なら国語は1＋25＝26点、理科は26＋15＝41（点）、算数は26×2＝52（点）だね。これを続けると…。

算数	50	52	54	56	58					…
理科	40	41	42	43	44					…
国語	25	26	27	28	29					…
社会	0	1	2	3	4					…
和（合計）	115	120	125	130	135					…

式を考えてみよう。

算数	50	52	54	56	58	60	…			…
理科	40	41	42	43	44	45	…			…
国語	25	26	27	28	29	30	…			…
社会	0	1	2	3	4	5	…			…
和（合計）	115	120	125	130	135	140	…	215		…

5　5　5　5　5

100

5ずつ増えているから、100÷5＝20（点）で、これが社会。
20＋25＝45（点）で、これは国語。45＋15＝60（点）で、これは理科。
45×2＝90（点）で、これは算数。ねんのために確かめをやっておこう。
20＋45＋60＋90＝215（点）！　やった！

はい、正解！

答え　算数90点　国語45点
理科60点　社会20点

別のやり方もできるよ

マリ、線分図で解いてごらん。

はい！　問題文から、算数は国語の2倍。理科は国語より15点高く、国語は社会より25点高いことがわかるので、線分図に表すと次のようになるわけね。

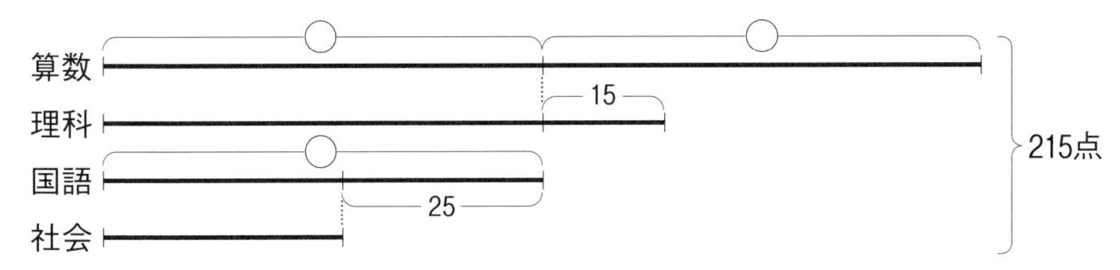

あら？　今までのとはちがうわ。困ったわ。

社会じゃなくて、国語にそろえるんだ。

こういうことかしら。

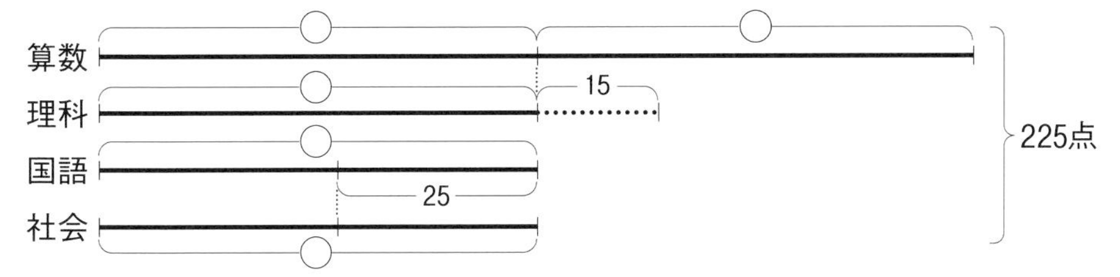

215－15＋25＝225（点）。これは国語の2＋1＋1＋1＝5（つ分）にあたるんだわ！　225÷5＝45（点）で、これが国語。

45－25＝20（点）で、これは社会。45＋15＝60（点）で、これは理科。

45×2＝90（点）で、これは算数ね！　できたわ！

正解！　おめでとう！

先生のつぶやき

一番短いのにそろえるとうまくいかないこともあるんだよ。

お楽しみ入試問題 ❸

それぞれ何円もらったでしょう？

1800円をA,B,Cの3人で分けました。AはCより520円多くもらい、BはCより260円多くもらいました。Cは何円もらったでしょう。

（品川女子学院中学）

答え

考えるためのヒント

一番少ないのはCだから、表をかくとこうなるね。

A	520											
B	260											
C	0											
和	780											

												…
												…
												…
												…

線分図だとこうね。

A
B
C
1800円

答えに自信のある人は126ページへ。
自信のない人はもう一度、解き直そう。

お楽しみ入試問題 ❹

試験の点数は何点？

20点満点（まんてん）の試験の結果、点数のよい順にA君、B君、C君、D君でした。A君とB君の点数の和は32点、A君とC君の点数の差は8点、A君とD君の点数の和は29点でした。A君の点数は何点でしたか。

（立教新座中学）

答え

考えるためのヒント

D君が一番点数が低いのだから、D君を0点にしてみよう。

A	29											…
B	3											…
C	21											…
D	0											…

あれ？　なんか変だなあ。20点満点のテストだよね。

線分図はこうね。

A

B

C

D

あら？　これで解けるのかしら？

この問題には線分図はあまり役に立たないんだ。

答えに自信のある人は126ページへ。
自信のない人はもう一度、解き直そう。

問題⓫

辺の長さはそれぞれ何cm？

下の図のア、イは正方形です。

ア、イの1辺の長さはそれぞれ何cmかな。

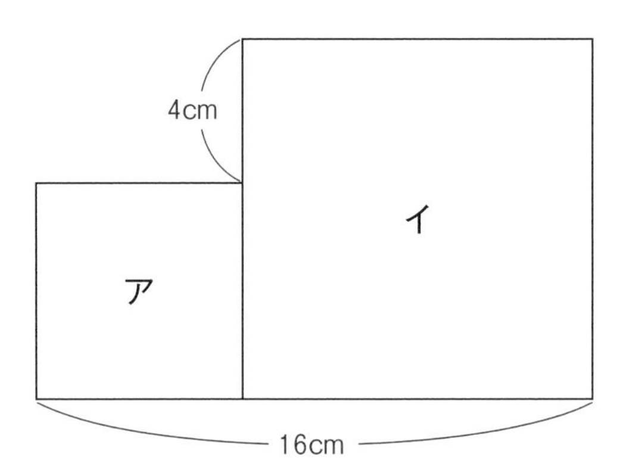

まずは
右ページを見ないで
考えてみよう!

答え

考えるためのヒント

え？　いきなり図形の問題になっちゃった！

考え方は文章題と同じだよ。

何をどうしていいのかわからないわ。

イの中にアを入れてごらん。

こうかな。

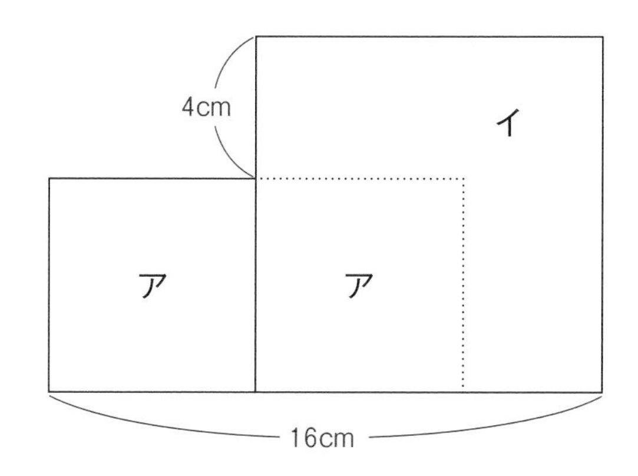

あ！　わかったわ！

答えに自信のある人は次のページへ。
自信のない人はもう一度、解き直そう。

問題⑪ 解説と答え

図の4cmというのは、アとイの1辺の長さの差なのね！

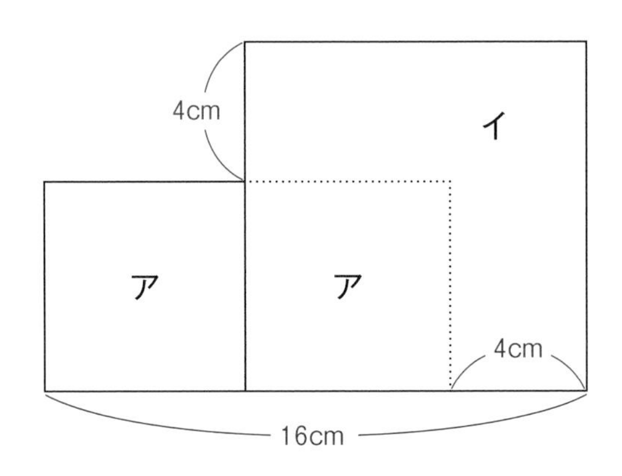

あ！　その図を見てぼくもわかった！

16－4＝12（cm）がアの1辺の長さの2つ分なんだね！

12÷2＝6（cm）がアの1辺の長さ、

16－6＝10（cm）がイの1辺の長さだ。

イの1辺の長さは6＋4＝10（cm）と求めることもできるわね。

正解！

答え　ア 6cm　イ 10cm

別のやり方もできるよ

マリ、アとイの１辺の長さを線分図で表してごらん。

こうね。

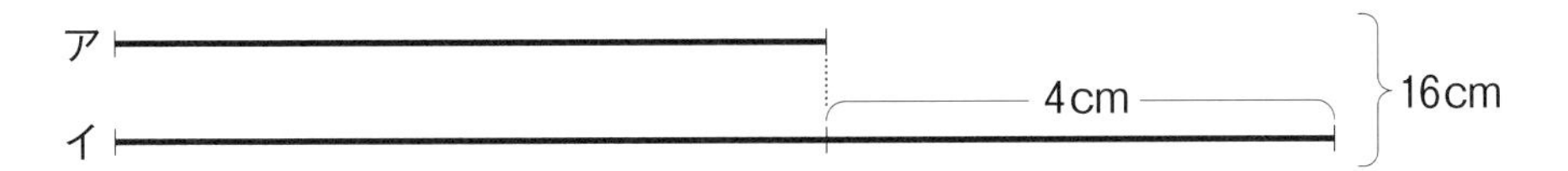

16－4＝12（cm）はアの１辺の長さの２つ分ね。

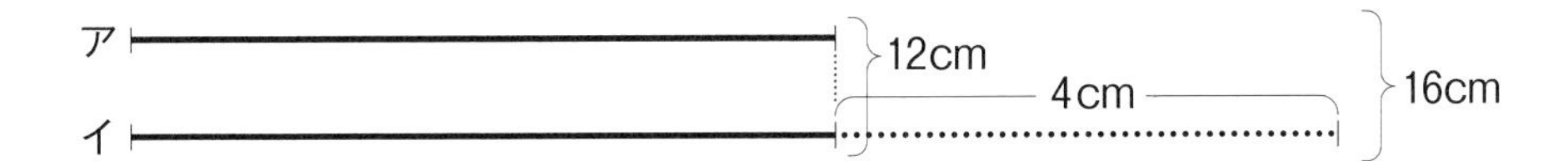

12÷2＝6（cm）がアの１辺の長さで、6＋4＝10（cm）、

または、16－6＝10（cm）がイの１辺の長さね。

正解！

たしかに線分図の解き方も大切なんだね。

そうだよ。表の解き方と同じくらい大切だ。両方とも身につけようね。

はい！

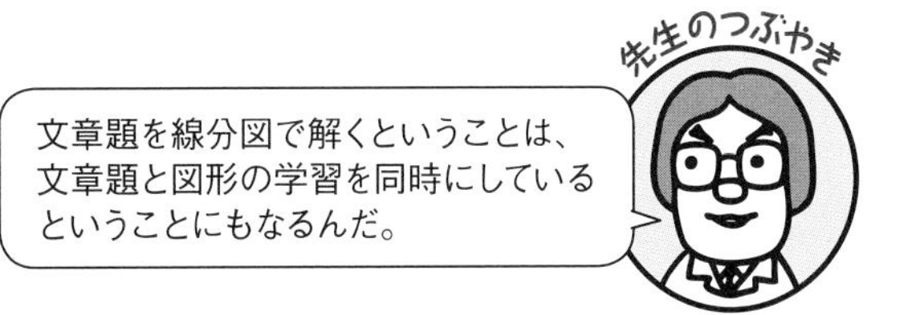

問題⓬

 **辺の長さはそれぞれ何cmかな？**

下の図のア、イは正方形で、この図形全体のまわりの長さは40cmです。

ア、イの1辺の長さはそれぞれ何cmかな。

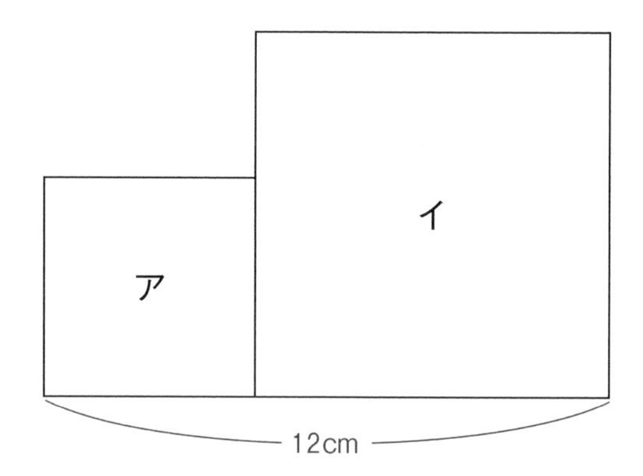

まずは
右ページを見ないで
考えてみよう！

答え

考えるためのヒント

図形のまわりを太線でかこんでごらん。

こうかな。

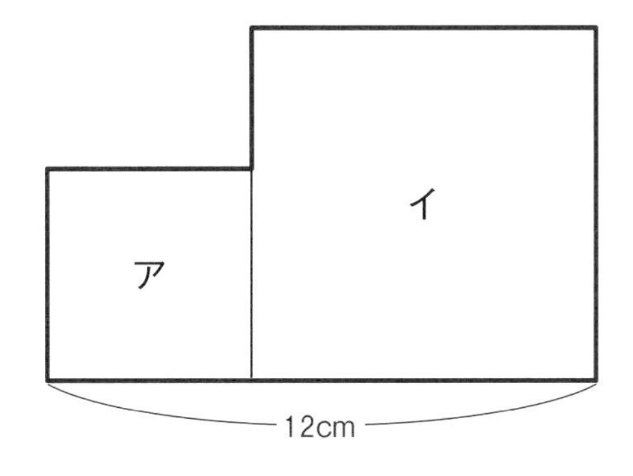

そう。下の2つの図を見くらべてごらん。

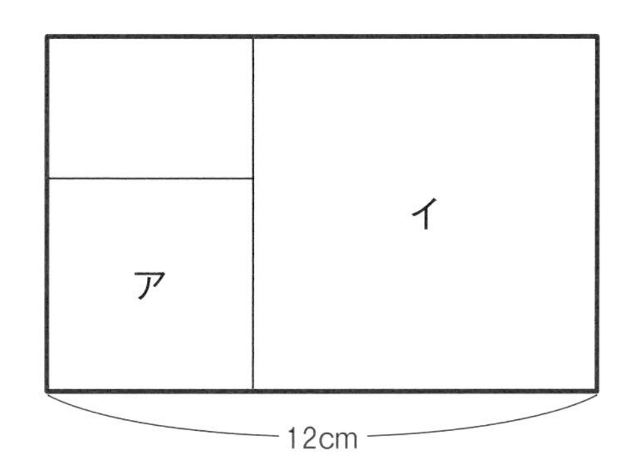

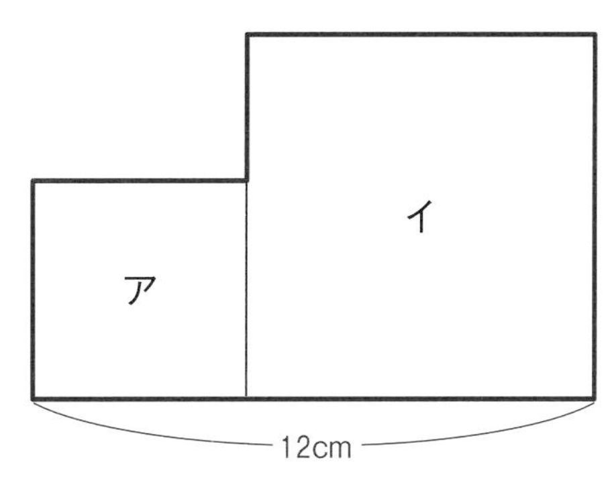

あ！　わかった！

答えに自信のある人は次のページへ。
自信のない人はもう一度、解き直そう。

問題⑫ 解説と答え

右の図も左の図も、太線の長さの合計は同じなんだね！

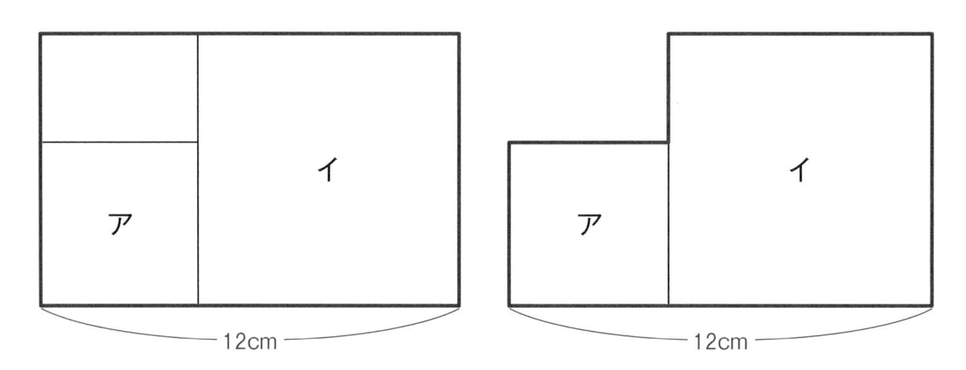

40÷2＝20（cm）で、これが下の図の太線の長さの合計だ。

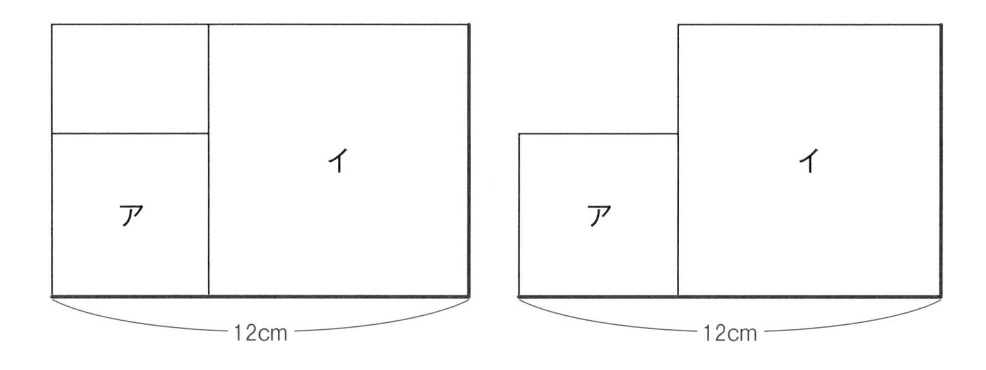

20－12＝8（cm）がイの1辺の長さ、

12－8＝4（cm）がアの1辺の長さだ！

正解！

答え ア 4cm　イ 8cm

別のやり方もできるよ

じゃあ、マリは線分図で解いてごらん。

はい！　40÷2＝20（cm）で、これが下の図の太線の長さの合計ね。

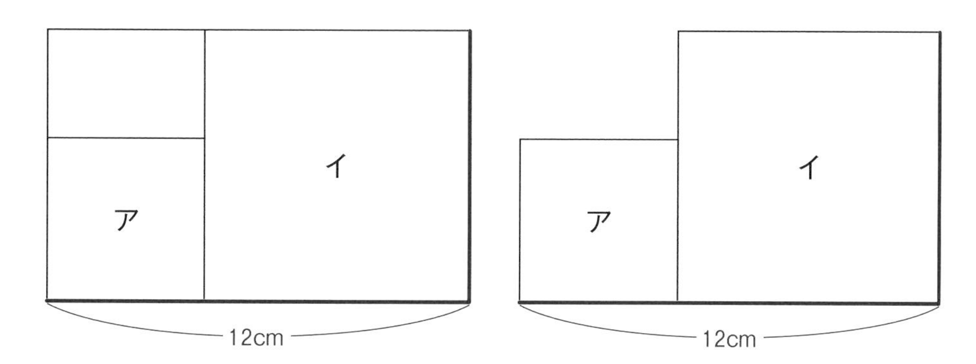

線分図はこうかしら。

ア
イ
12cm

太線の長さの合計の20cmは、アの1辺の1つ分とイの1辺の2つ分の合計だから、

20－12＝8（cm）がイの長さ、12－8＝4（cm）がアの長さね。

正解！

問題⑬

辺の長さはそれぞれ何cm？

下の図のア、イは正方形で、この図形全体のまわりの長さは48cmです。

ア、イの1辺の長さはそれぞれ何cmかな。

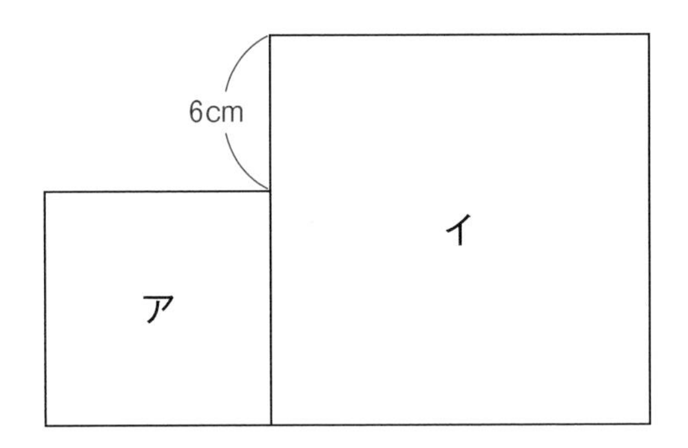

まずは
右ページを見ないで
考えてみよう！

答え

考えるためのヒント

さっきと同じように、まわりを太線でかこんでごらん。

こういうことだね。

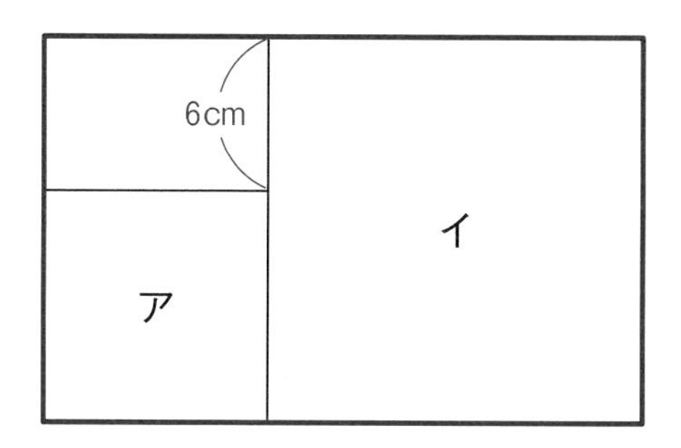

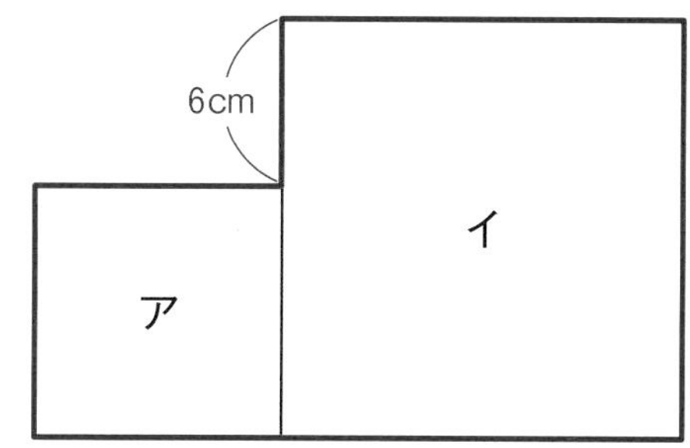

これでもむずかしいなあ。

答えに自信のある人は次のページへ。
自信のない人はもう一度、解き直そう。

問題13 解説と答え

48÷2＝24（cm）が右の図の太線の長さの合計になるね。

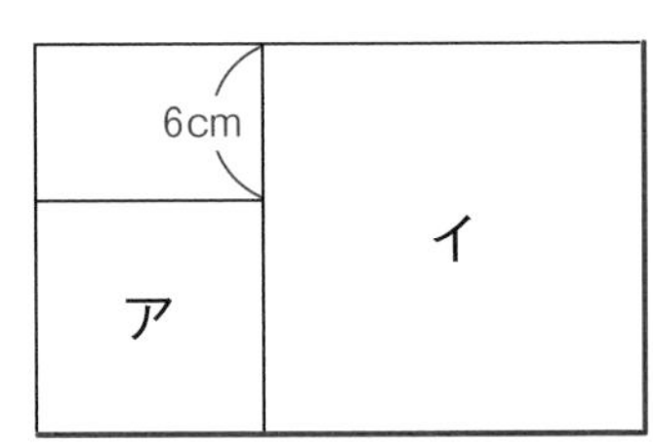

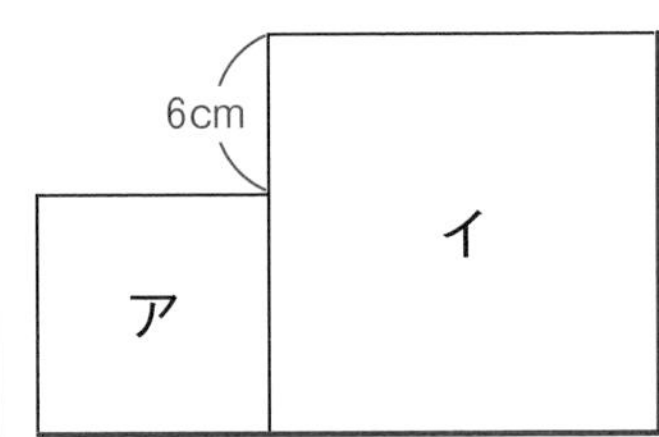

次にどうしよう？

ちょっとむずかしいけど、イの中にアを2つ作ってみよう。

2つ？　こうかな。

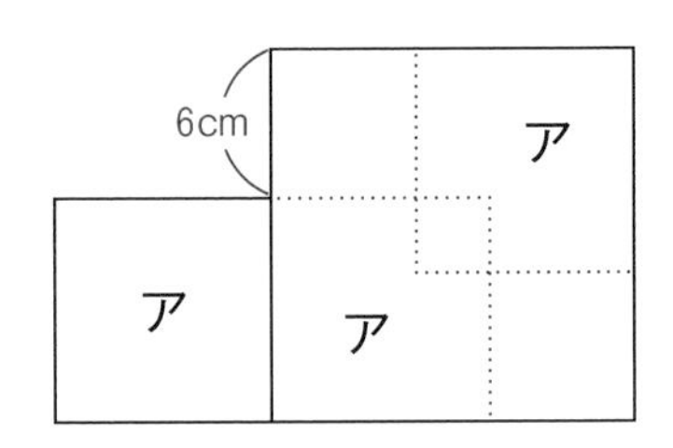

アの1辺と同じ長さのところに○をつけ、長さが6cmのところには6cmとかいてごらん。

なるほど！　こういうことだね！

24－6×2＝12（cm）で、

これがアの1辺の3つ分だ！

12÷3＝4（cm）で、これがアの1辺。

4＋6＝10（cm）で、これがイの1辺だ！

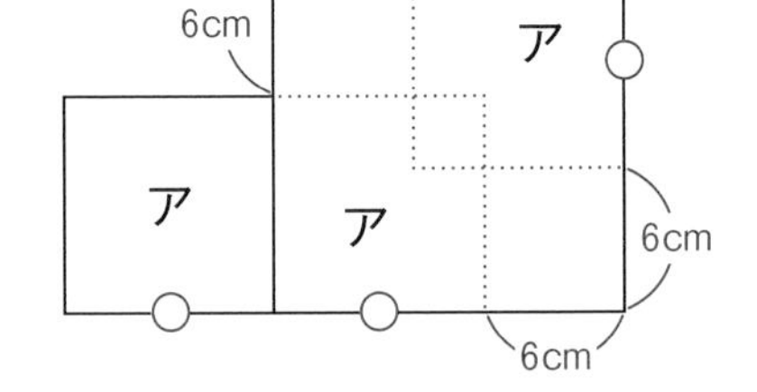

正解！

答え　ア 4cm　イ 10cm

別のやり方もできるよ

じゃあ、わたしは線分図でやってみるわ。

48÷2＝24（cm）で、

ここまでは同じね。

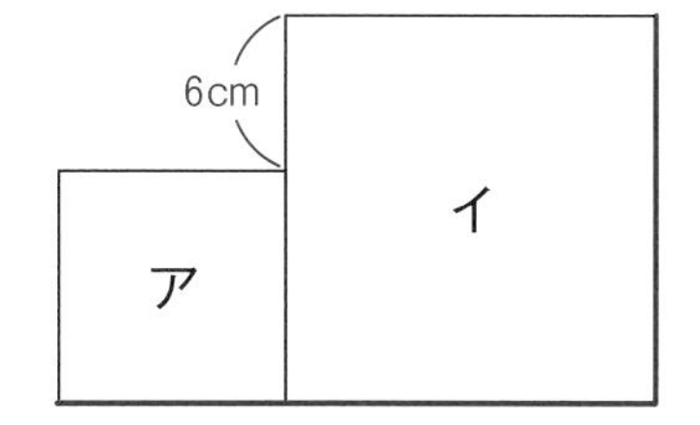

24cm はアの 1 辺の 1 つ分とイの 1 辺の 2 つ分だから、

線分図にするとこうなるわね。

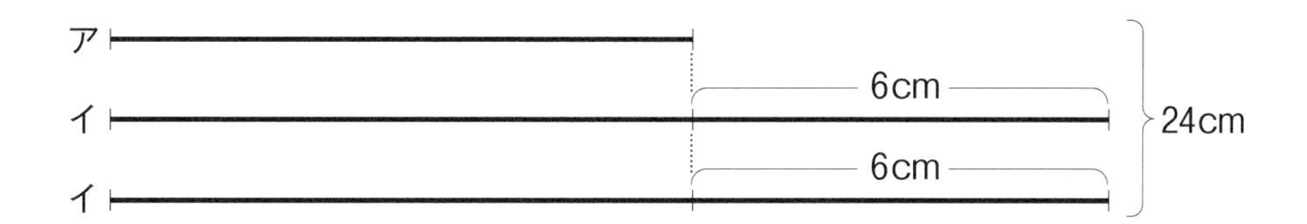

イにそろえてみようかな。

24＋6＝30（cm）はイの 1 辺の 3 つ分ね。

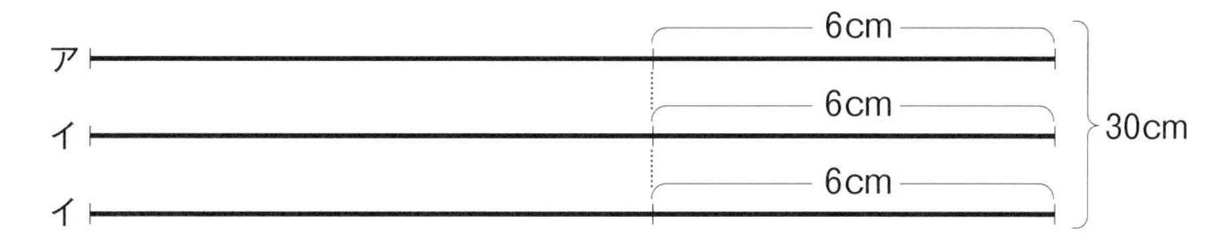

30÷3＝10（cm）がイの 1 辺の長さ。

10－6＝4（cm）がアの 1 辺の長さね。

正解！

問題⓮

辺の長さはそれぞれ何cm？

下の図のア、イ、ウは正方形で、この図形全体のまわりの長さは88cmです。ア、イ、ウの1辺の長さはそれぞれ何cmかな。

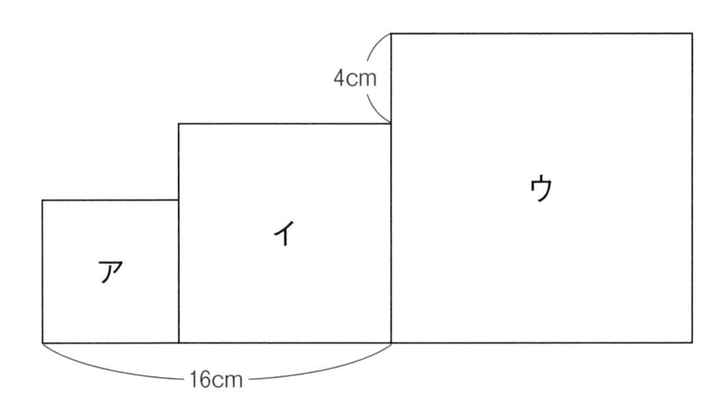

まずは右ページを見ないで考えてみよう！

答え

考えるためのヒント

うわっ！　3つになった！　むずかしそうだね。

そんなことないよ。さっきとかわらないよ。

下の2つの図を見くらべてごらん。

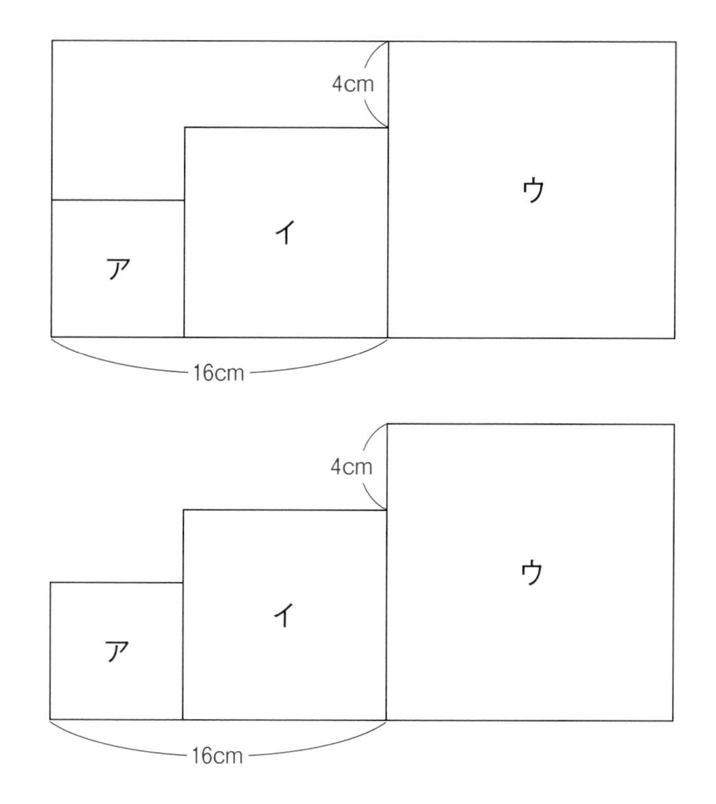

なるほど！

答えに自信のある人は次のページへ。
自信のない人はもう一度、解き直そう。

問題⑭ 解説と答え

下の図の太線の長さの合計は等しいんだね。

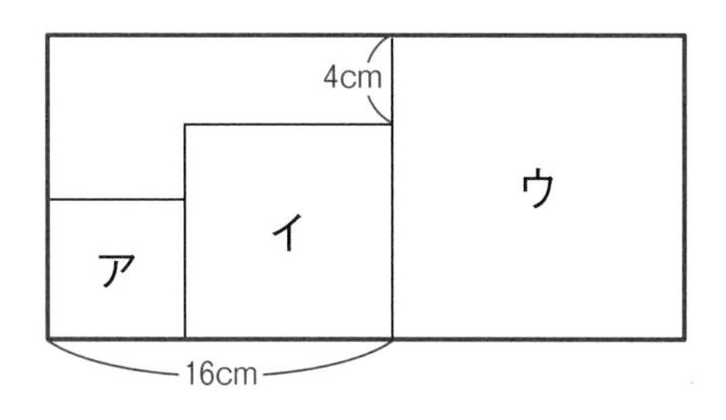

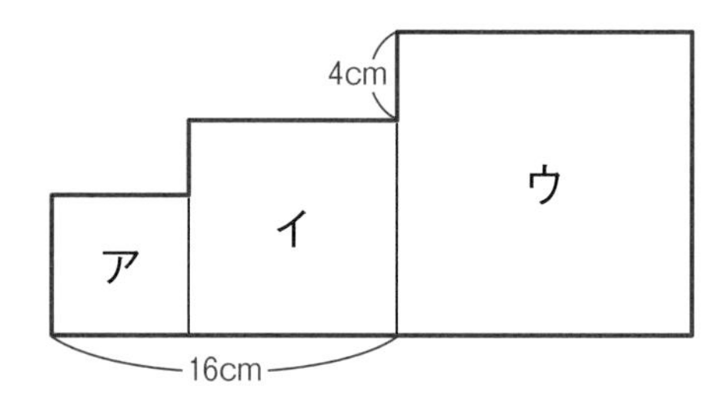

88÷2＝44（cm）が下の図の太線の長さの合計になるね。

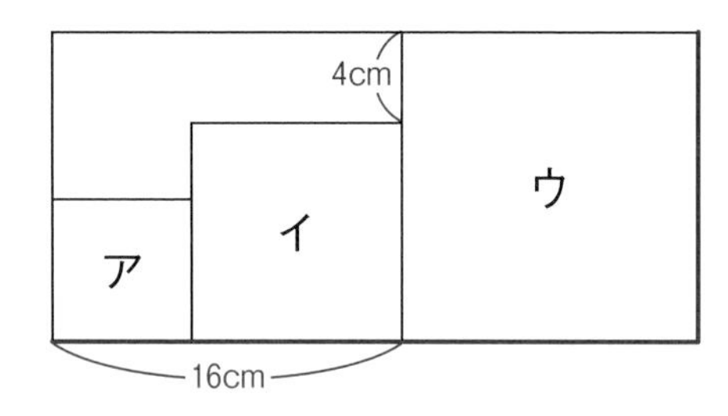

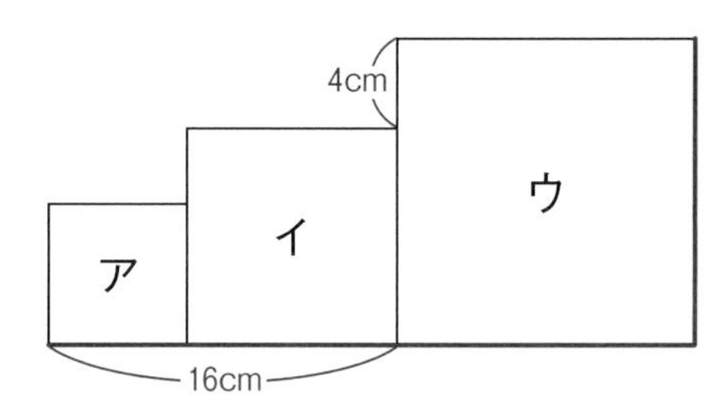

44－16＝28（cm）はウの1辺の2つ分だから、28÷2＝14（cm）がウの1辺の長さ。14－4＝10（cm）がイの1辺の長さ。16－10＝6（cm）がアの1辺の長さだ！　でも、心配だから、長さを全部入れてみようかな。

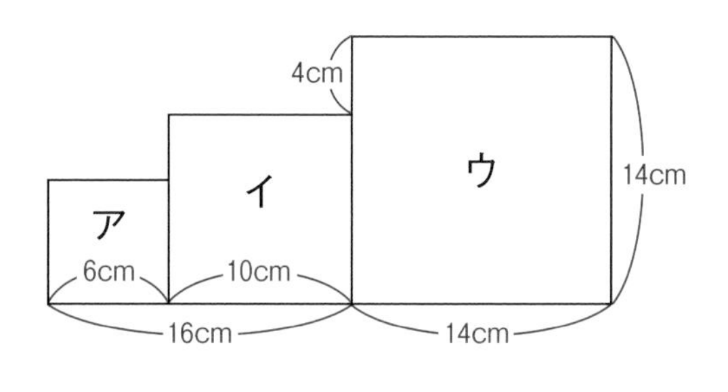

どこもおかしいところはないよね？

正解！　かんぺきだよ、ケン！

答え　ア 6cm　イ 10cm　ウ 14cm

別のやり方もできるよ

じゃあ、わたしは線分図でやってみるわね。88÷2＝44（cm）で、ここまでは同じ。

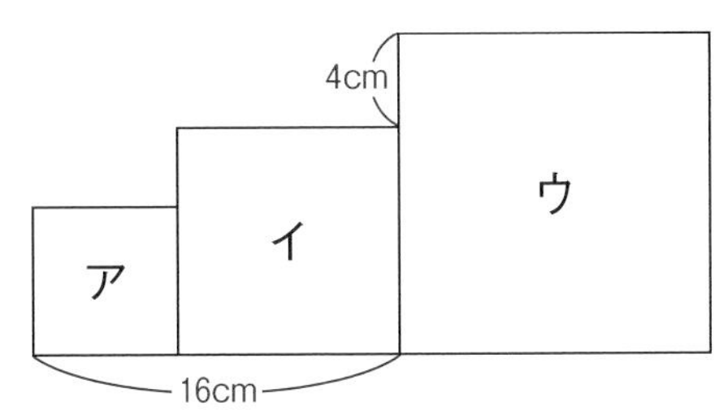

44cmはアの1辺の1つ分とイの1辺の1つ分とウの1辺の2つ分だから、線分図にするとこうなるわね。

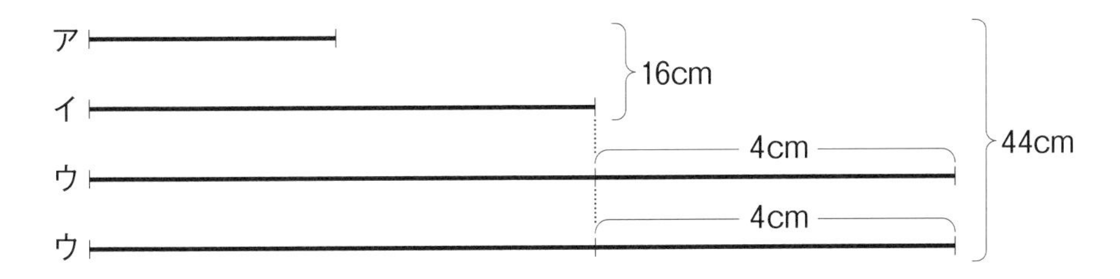

44－16＝28（cm）がウの1辺の2つ分、
28÷2＝14（cm）がウの1辺の長さ、
14－4＝10（cm）がイの1辺の長さ、
16－10＝6（cm）がアの1辺の長さね。

正解！

問題⑮

辺の長さはそれぞれ何cm?

下の図のア、イ、ウは正方形で、この図形全体のまわりの長さは104cmです。ア、イ、ウの1辺の長さはそれぞれ何cmかな。

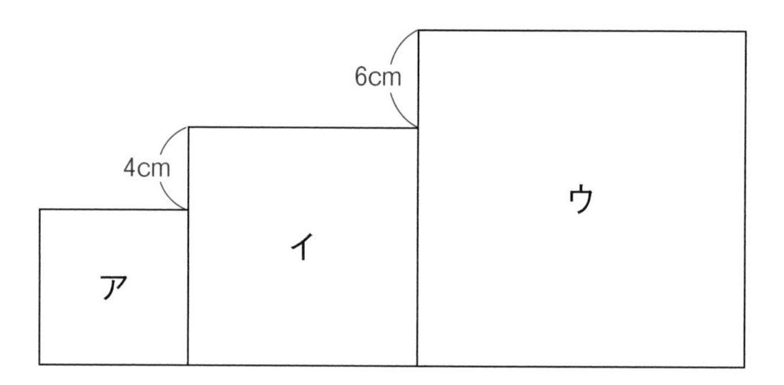

まずは
右ページを見ないで
考えてみよう!

答え

考えるためのヒント

さっきの問題と同じだね。

そうそう。

まずはこうする。

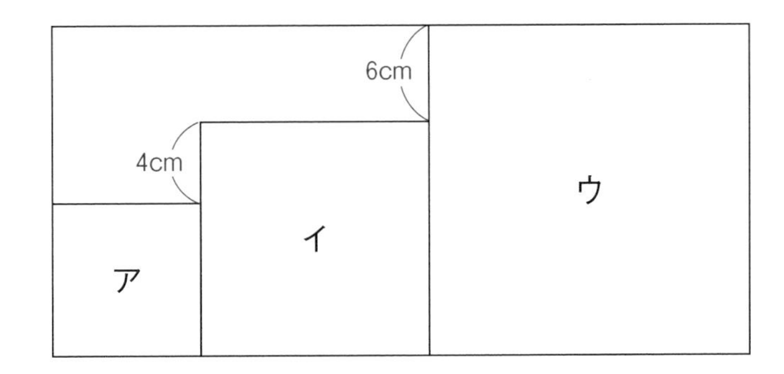

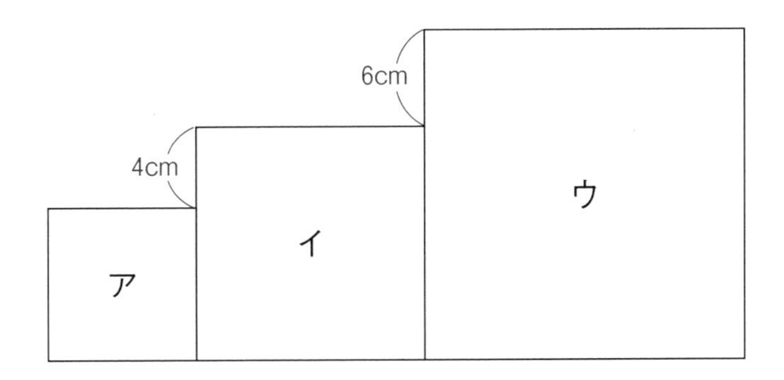

あ！　解けそうな気がしてきた！

答えに自信のある人は次のページへ。
自信のない人はもう一度、解き直そう。

問題⑮ 解説と答え

104÷2＝52（cm）が太線の長さの合計だね！

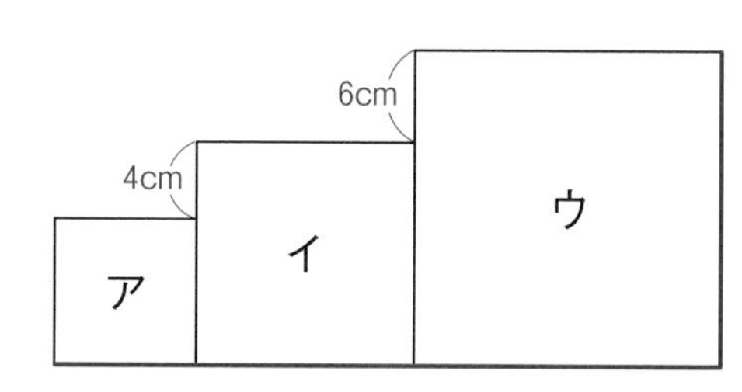

あれ？　このあとはどうするんだろう？

アとウの１辺の長さの差を求め、イ、ウの中にアをかきこみ、わかる長さをかきこんでごらん。

はい！　イの１辺はアの１辺より4cm長く、ウの１辺はイの１辺より6cm長いから、ウの１辺はアの１辺より4＋6＝10（cm）長いんだな！　イとウの中にアを入れると、こうなるのかな。

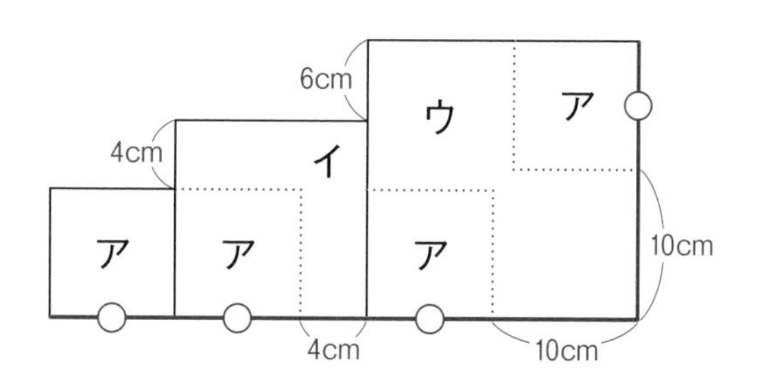

なるほど！　52cmの中にアの１辺の４つ分と4cmが１つと10cmが２つあるんだね！　52－4－10×2＝28（cm）、または52－（4＋10×2）＝28（cm）がアの１辺の４つ分だから、28÷4＝7（cm）が、アの１辺の長さ。7＋4＝11（cm）が、イの１辺の長さ。11＋6＝17（cm）が、ウの１辺の長さだ！

正解！

答え　ア 7cm　イ 11cm　ウ 17cm

別のやり方もできるよ

じゃあ、わたしは線分図でやってみるわね。

104÷2＝52（cm）で、

ここまでは同じね。

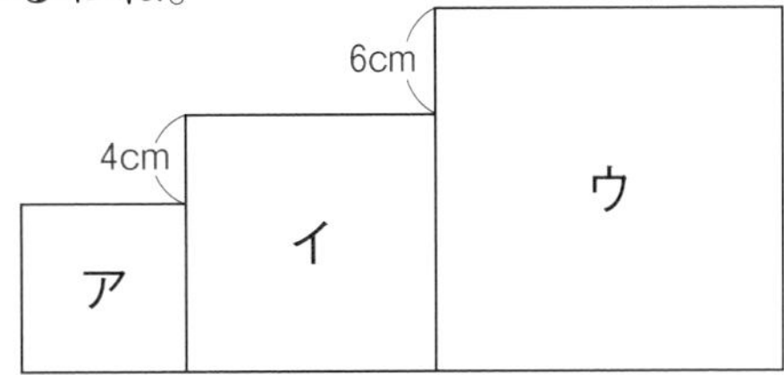

52cmはアの1辺の1つ分とイの1辺の1つ分とウの1辺の2つ分だから、

線分図にするとこうなるのね。

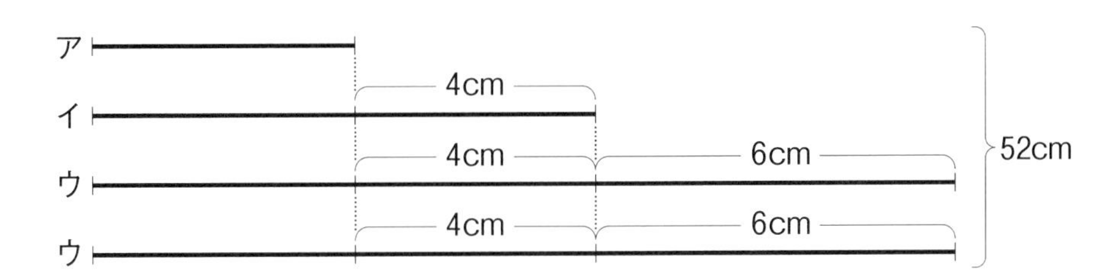

これはアにそろえた方がよさそうね。

52－4－10－10＝28（cm）、または、

52－（4＋10＋10）＝28（cm）で、これはアの1辺の4つ分だから

28÷4＝7（cm）で、これがアの1辺の長さ。

7＋4＝11（cm）で、これはイの1辺の長さ。

11＋6＝17（cm）で、これはウの1辺の長さね。

正解！

お楽しみ入試問題 ❺

長方形の2辺の長さは？

下の図は、1辺の長さが10cmの正方形の紙を2枚重ねたもので、まわりの長さは60cmです。2枚が重なっている部分は長方形です。この長方形の2辺の長さを求めなさい。　（筑波大附属駒場中学・改）

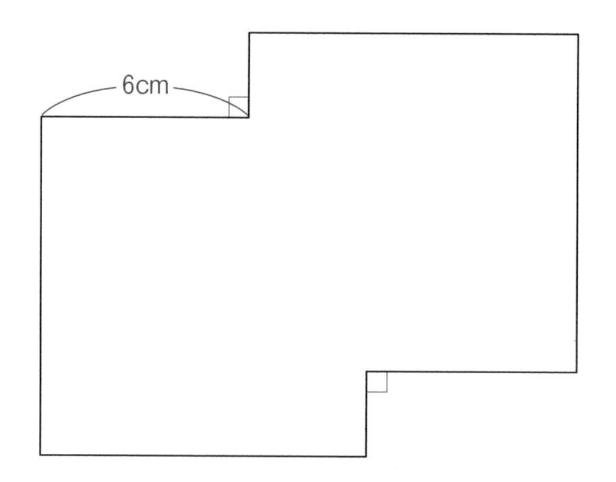

答え

考えるためのヒント

うーん、さっぱりわからない。

実際に2つの正方形をかいてみればいいんじゃないかしら。

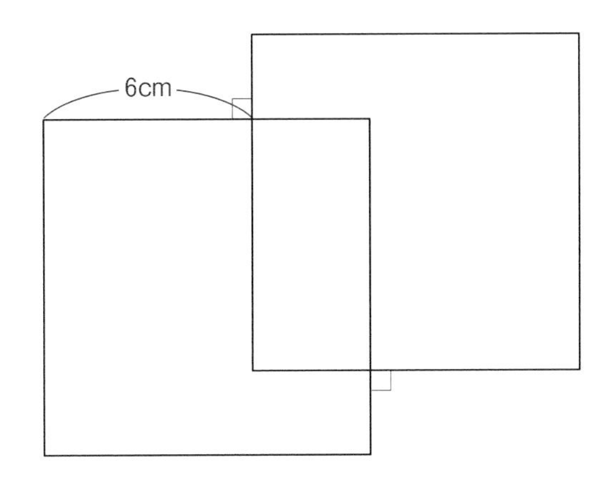

あ！　わかった！

答えに自信のある人は126ページへ。
自信のない人はもう一度、解き直そう。

お楽しみ入試問題 ❻

★★★

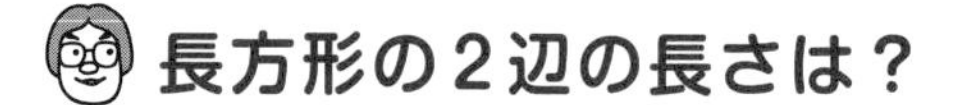

長方形の2辺の長さは？

下の図は、1辺の長さが10cmの正方形の紙を3枚重ねたもので、まわりの長さは60cmです。3枚が重なっている部分は長方形です。この長方形の2辺の長さを求めなさい。　（筑波大附属駒場中学・改）

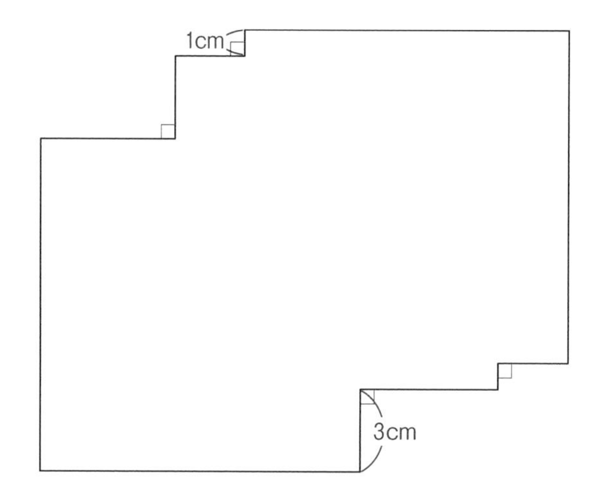

まずは
右ページを見ないで
考えてみよう！

答え

考えるためのヒント

これも同じように線をかいてみよう。

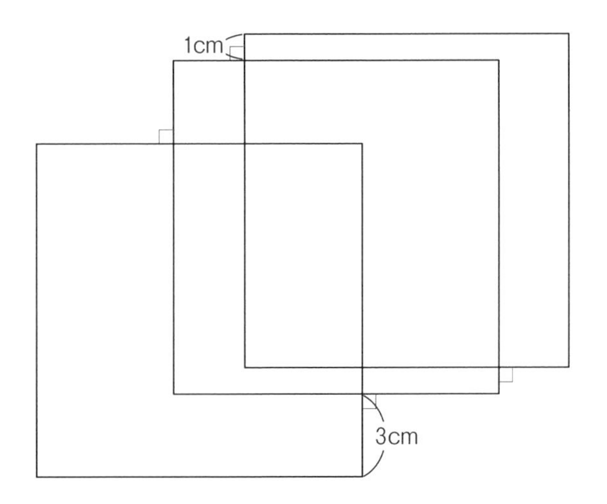

うーん、これでもむずかしいなあ。

わかっている長さを全部いれてみればなんとかなりそうよ。

答えに自信のある人は126ページへ。
自信のない人はもう一度、解き直そう。

問題⑯

 お母さんの年れいが2倍になるのはいつ？

お母さんゾウのレイは28才、子ゾウのピカは8才だ。レイの年れいがピカの年れいのちょうど2倍になるのは今から何年後かな？

まずは
右ページを見ないで
考えてみよう!

答え

考えるためのヒント

まずは表をかいてみようかな。

年後	0	1	2	3	4	5	6	7	8	9	10	11	12	13	14	…
レイ	28	29														…
ピカ	8	9														…

あ！　これならできそう！

答えに自信のある人は次のページへ。
自信のない人はもう一度、解き直そう。

問題⑯ 解説と答え

表の続きをかくね！

年後	0	1	2	3	4	5	6	7	8	9	10	11	12	13	14	…
レイ	28	29	30	31	32	33	34	35	36	37	38	39	40	41	42	…
ピカ	8	9	10	11	12	13	14	15	16	17	18	19	20	21	22	…

見つけた！　12年後にはレイが40才、ピカが20才だから、
40÷20＝2（倍）だ！　答えは12年後だね！

正解！

答え　12年後

別のやり方もできるよ

線分図じゃできないかしら？

やってごらん。

何年かあとで、レイの年れいがピカの年れいの2倍になるのだから、
線分図はこうよね？

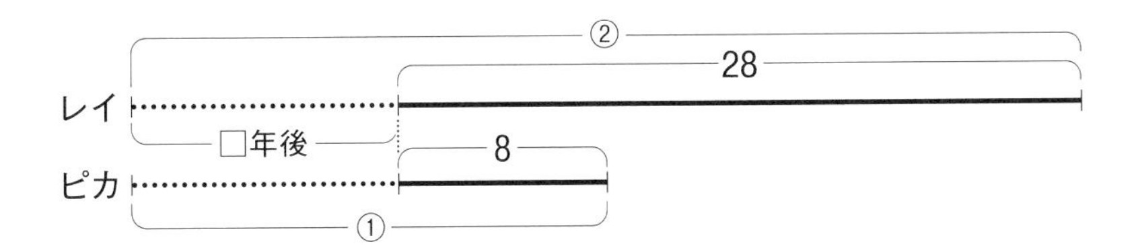

次はどうするのかしら？

差を見てごらん。

あ！　わかったわ！　28－8＝20（才）が②－①＝①ね！

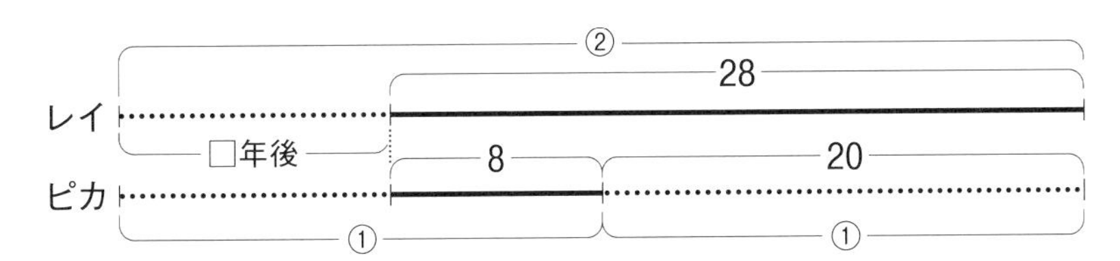

20－8＝12（年後）ね！

正解！

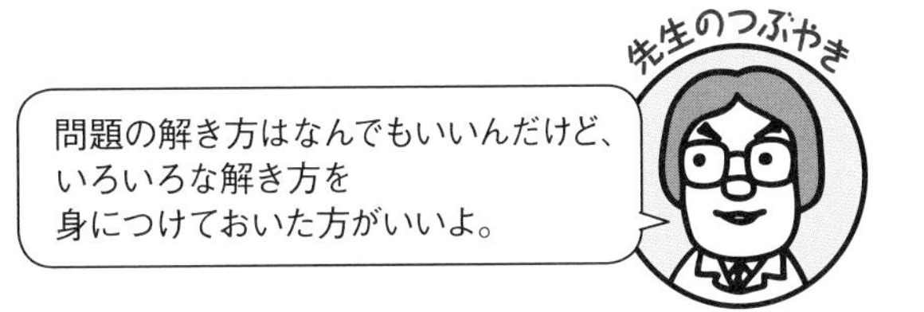

問題⓱

年れいがちょうど3倍だったのはいつ？

おじいさんカメのドリは90才、孫(まご)カメのジーは36才だ。ドリの年れいがジーの年れいのちょうど3倍だったのは今から何年前かな？

答え

考えるためのヒント

ぼくは表がいいな。

年前	0	1	2	3	4	5	6	7	8	9	10	11	12	13	14	…
ドリ	90	89														…
ジー	36	35														…

さっきと同じだね！

答えに自信のある人は次のページへ。
自信のない人はもう一度、解き直そう。

問題⑰ 解説と答え

表の続きをかくね！

年前	0	1	2	3	4	5	6	7	8	9	10	11	12	13	14	…
ドリ	90	89	88	87	86	85	84	83	82	81	80	79	78	77	76	…
ジー	36	35	34	33	32	31	30	29	28	27	26	25	24	23	22	…

見つけた！　9年前にはドリが81才、ジーが27才だから、

81÷27＝3（倍）だ！　答えは9年前だね！

正解！

答え　9年前

別のやり方もできるよ

わたしは線分図でやるわ。

何年か前に、ドリの年れいがジーの年れいの3倍だったのだから、線分図はこうよね？

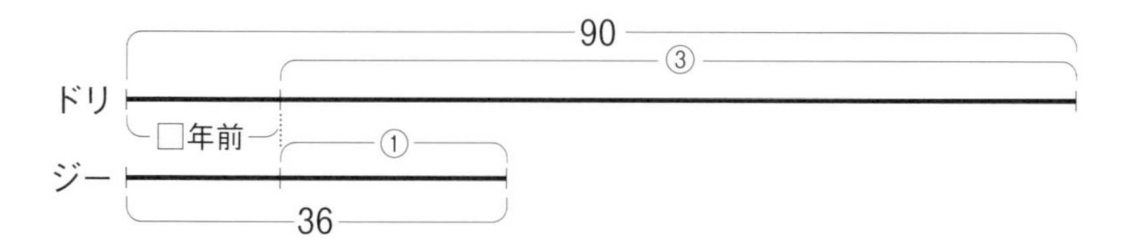

次は差を見るのね。

90－36＝54（才）が③－①＝②ね！

54÷2＝27（才）が①ね。

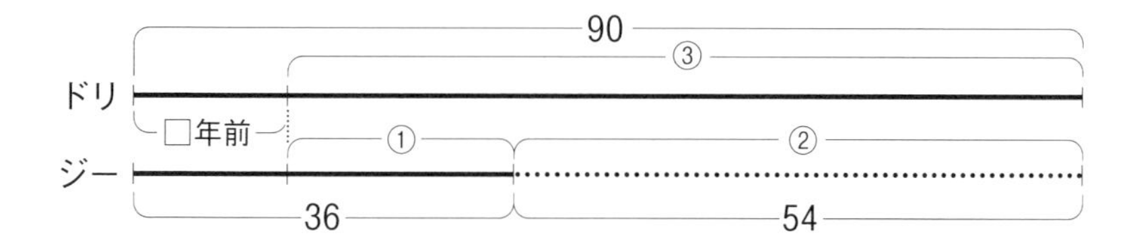

36－27＝9（年前）ね！

正解！

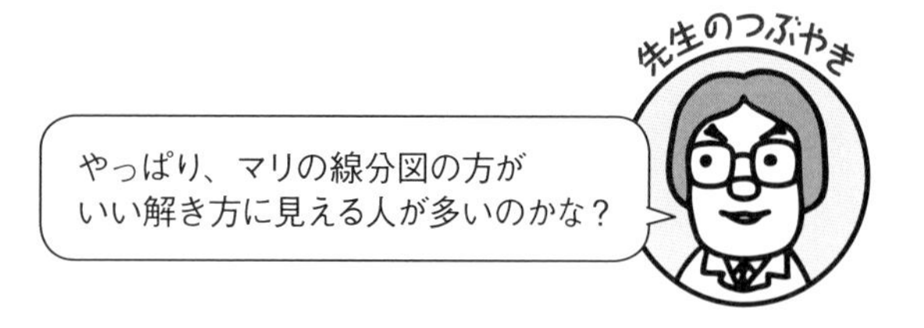

問題⑱

年れいの和の計算をしよう

お母さんクジラのクーは32才、兄クジラのヨシは10才、弟クジラのゴウは8才だ。クーの年れいがヨシとゴウの年れいの和に等しくなるのは今から何年後かな。

まずは
右ページを見ないで
考えてみよう!

答え

考えるためのヒント

やっぱり表をかこう。

クーは1年に1才年をとる。ヨシとゴウも1年で1才ずつ年をとるから、2人で合計2才年をとるんだね。

年後	0	1	2	3	4	5	6	7	8	9	10	11	12	13	14	…
クー	32	33														…
兄弟	18	20														…

なるほど！　これもできそうだぞ！

答えに自信のある人は次のページへ。
自信のない人はもう一度、解き直そう。

問題18 解説と答え

表の続きをかくよ！

年後	0	1	2	3	4	5	6	7	8	9	10	11	12	13	14	…
クー	32	33	34	35	36	37	38	39	40	41	42	43	44	45	46	…
兄弟	18	20	22	24	26	28	30	32	34	36	38	40	42	44	46	…

できた！　14年後だ！

正解！

答え　14年後

別のやり方もできるよ

わたしはやっぱり線分図が好きだな。
何年かあとに、クーの年れいがヨシとゴウの年れいの和に等しくなるのだから、線分図はこうよね？

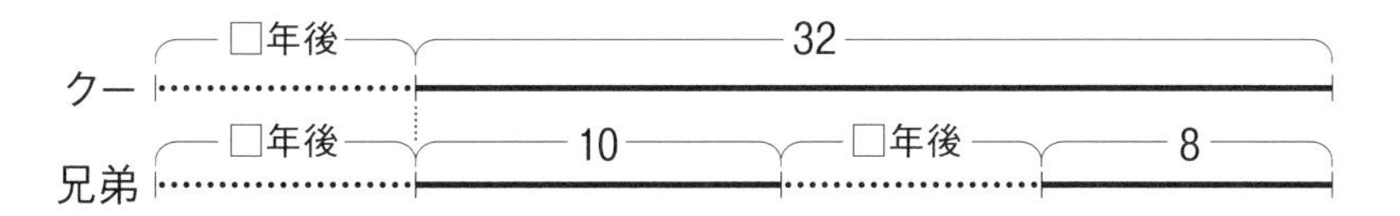

次はどうするのかしら？

□年後を左にまとめるんだ。

こういうことかな？

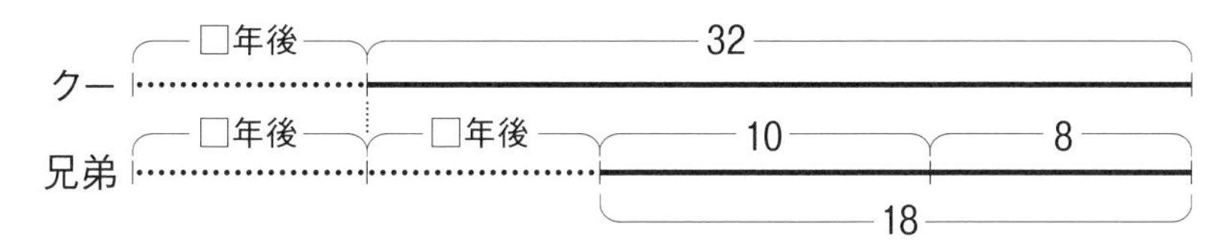

あ！　わかったわ！
32－18＝14（才）が□の1つ分ね！　14年後だわ！

正解！

年後	0	1	2	…								…
クー	32	33	34	…								…
兄弟	18	20	22	…								…
差	14	13	12	…	0							…

1　1
14

表をかいても14÷1＝14（年後）となる。

問題19

年れいの和の計算をしよう

お父さんイルカのジンは28才、お母さんイルカのユリは26才、お兄さんイルカのエラは10才、お姉さんイルカのベスは5才、弟イルカのキーは2才だ。ジンとユリの年れいの和が3人の子どもたちの年れいの和の2倍になるのは今から何年後かな。

まずは
右ページを見ないで
考えてみよう!

答え

考えるためのヒント

どんどん増えるね！

でも、表をかけば解けそうな気がする。ジンとユリは1年で合計2才年をとり、エラ、ベス、キーは1年で合計3才年をとる。

ジンとユリの年れいの和は28＋26＝54（才）、

子どもたちの年れいの和は10＋5＋2＝17（才）、

表はこうなるね。

年後	0	1	2	3	4	5	6	7	8	9	10	11	12	13	14	…
親	54	56														…
子	17	20														…

答えに自信のある人は次のページへ。
自信のない人はもう一度、解き直そう。

問題⑲ 解説と答え

表の続きをかくね！

年後	0	1	2	3	4	5	6	7	8	9	10	11	12	13	14	…
親	54	56	58	60	62	64										…
子	17	20	23	26	29	32										…

あ！　できちゃった！

5年後に親の年れいの和は子どもたちの年れいの和の

64÷32＝2（倍）になるね。だから答えは5年後だ！

正解！

答え　5年後

別のやり方もできるよ

これも線分図で解けるのかしら？　自信がなくなってきちゃった。
何年かあとに、親の年れいの和が子どもたちの年れいの和の2倍に等しくなるのだから、最初から□年後を左によせると線分図はこうよね？

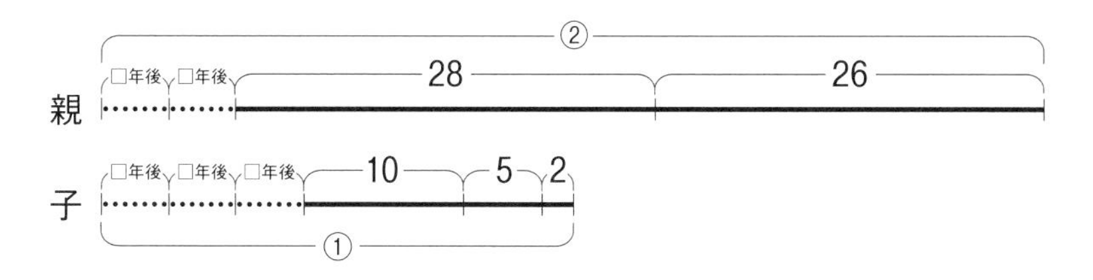

この図じゃ、差は求められないわ。次はどうするのかしら？

下の図を2倍するんだ。

え？　こういうことかしら？

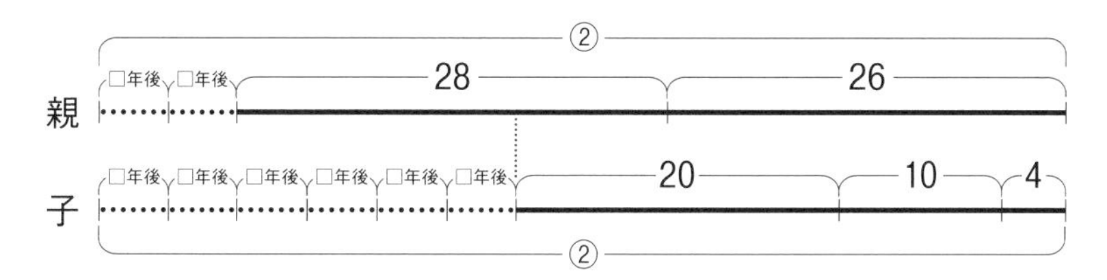

わかったわ！
20＋10＋4－26＝8（才）、
28－8＝20（才）で、これが□年後の4つ分ね！
20÷4＝5（年後）！

正解！

問題⑳

ちょうどわり切れる年れいになるのはいつ？

お父さんのゲンは37才、子どものユイは5才だ。ゲンの年れいがユイの年れいでちょうどわり切れるようになるのは、今から何年後かな？考えられるものをすべて求めてみて。

まずは
右ページを見ないで
考えてみよう！

答え

考えるためのヒント

答えは1つじゃないんだね？　やっぱり表をかいてみよう。

年後	0	1	2	3	4	5	6	7	8	9	10	11	12	13	14	…
ゲン	37	38	39	40												…
ユイ	5	6	7	8												…

あ！　1つ見つけた！

答えに自信のある人は次のページへ。
自信のない人はもう一度、解き直そう。

問題20 解説と答え

表の続きをかくぞー！

年後	0	1	2	3	4	5	6	7	8	9	10	11	12	13	14	…
ゲン	37	38	39	40	41	42	43	44	45	46	47	48	49	50	51	…
ユイ	5	6	7	8	9	10	11	12	13	14	15	16	17	18	19	…

これでいいのかな？

3年後に40÷8＝5（倍）、11年後に48÷16＝3（倍）

だから、3年後と11年後！

うーん、残念！

え？　まだあるの？

あるよ。続きをかいてごらん。

よし、やってみよう！

年後	0	1	2	3	4	5	6	7	8	9	10	11	12	13	14	15
ゲン	37	38	39	40	41	42	43	44	45	46	47	48	49	50	51	52
ユイ	5	6	7	8	9	10	11	12	13	14	15	16	17	18	19	20

	16	17	18	19	20	21	22	23	24	25	26	27	28	…
	53	54	55	56	57	58	59	60	61	62	63	64	65	…
	21	22	23	24	25	26	27	28	29	30	31	32	33	…

あった！　27年後に64÷32＝2（倍）になるね！

でも…まだあるのかなあ。どこまでかけばいいの？

年れいが追いつくことはないから、2倍で終わりだよ。

答えは3年後、11年後、27年後の3つだ。

答え　3年後　11年後　27年後

別のやり方もできるよ

これも線分図をかくの？　自信がないけど、やってみるわ。

最初の図はこれでいいよね？

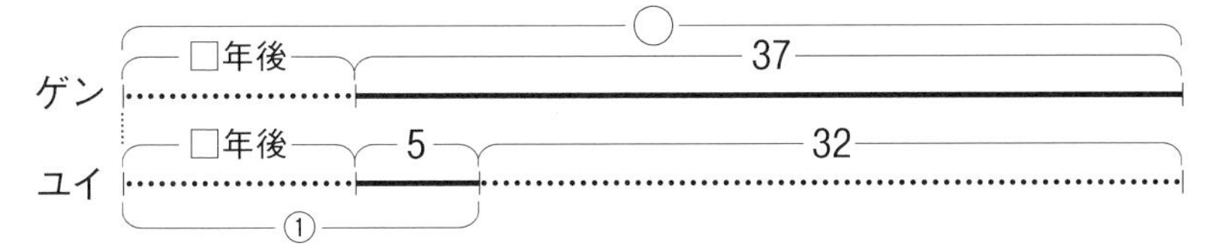

○の中には何を入れればいいのかしら？

2から順に入れていけばいいんだよ。

へー、そうなんだ！　②だと、32が①ね。

あ！　すると32－5＝27（年後）がわかるわ！

そうそう。その調子。

③だと、32が②ね。すると、①は32÷2＝16（年後）だから、

16－5＝11（年後）が出るわ！

④だと、32が③で、これはわり切れないわ。

そんなのは、ほうっておけばいいんだ。

あ！　そうか！　わり切れるのだけをさがせばいいのね！

⑤だと、32が④ね。すると、①は32÷4＝8（年後）だから、8－5＝3（年後）ね。⑥だと、32が⑤でわり切れない。⑦、⑧でも、32が⑥、⑦でわり切れない。⑨だと、32が⑧で、①は32÷8＝4（年後）。

あら？　引けないわ？

図を見れば①は5より大きいので、答えは3年後、11年後、27年後の3つしかないんだよ。

先生のつぶやき

線分図がいつも
楽なわけじゃないのが
わかったかな？

お楽しみ入試問題 ⑦

お父さんの年れいが4倍になるのはいつ？

今、太郎君は7才で、お父さんは34才です。お父さんの年れいが太郎君の年れいの4倍になるのは今から何年後ですか。　（法政大学中学）

まずは
右ページを見ないで
考えてみよう！

答え

考えるためのヒント

これはかんたんだね！

年後	0	1	2	3	4	5	6	7	8	9	10	11	12	13	14	…
父	34															…
太郎	7															…

線分図はこうね。

答えに自信のある人は126ページへ。
自信のない人はもう一度、解き直そう。

お楽しみ入試問題 ❽

姉のお金が妹の4倍になるのはいつ？

姉は2000円、妹は950円持っています。2人とも毎日120円ずつ使っていくと、使い始めて何日目に姉の持っているお金が、妹の持っているお金の4倍になりますか。

（清泉女学院中学）

答え

考えるためのヒント

同じように表をかけばできそうだね。

日目	0											…
姉	2000											…
妹	950											…

線分図はこうかしら。

□日目

姉

妹

答えに自信のある人は126ページへ。
自信のない人はもう一度、解き直そう。

問題㉑

キャンディは1個10円、チョコレートは1個20円。200円ちょうどで、キャンディとチョコレートを合計13個買いたい。キャンディとチョコレートはそれぞれ何個ずつ買えばいいかな。

まずは
右ページを見ないで
考えてみよう！

答え

考えるためのヒント

キャンディとチョコレート、どっちが好きかな？

キャンディ！

チョコレート！

じゃあ、はじめにマリは全部キャンディ、ケンは全部チョコレートを買うことにして表をかいてみよう。

はい。わたしは13個ともキャンディにするわ。

キャンディ（10円）	13	12						…
チョコレート（20円）	0	1						…
合計金額（円）	130	140						…

じゃあ、ぼくは13個ともチョコレートにしてみる。

キャンディ（10円）	0	1						…
チョコレート（20円）	13	12						…
合計金額（円）	260	250						…

答えに自信のある人は次のページへ。
自信のない人はもう一度、解き直そう。

問題㉑ 解説と答え

表の続きをかいてみるわね！

キャンディ（10円）	13	12	11	10	9	8	7	6
チョコレート（20円）	0	1	2	3	4	5	6	7
合計金額（円）	130	140	150	160	170	180	190	200

キャンディが6個で、チョコレートが7個ね。

ぼくも続きをかいてみよう。

キャンディ（10円）	0	1	2	3	4	5	6
チョコレート（20円）	13	12	11	10	9	8	7
合計金額（円）	260	250	240	230	220	210	200

ぼくも同じ答えになった！

キャンディが6個で、チョコレートが7個だね。

正解！

答え　キャンディ6個　チョコレート7個

別のやり方もできるよ

マリ、式を考えてみようか。

はい！

キャンディ（10円）	13	12	11	…	
チョコレート（20円）	0	1	2	…	
合計金額（円）	130	140	150	…	200

10　10　70

増え方が10円ずつだから、70÷10＝7（個）で、これがチョコレート。

13－7＝6（個）で、これがキャンディ。

ぼくもやってみるよ。

キャンディ（10円）	0	1	2	…	
チョコレート（20円）	13	12	11	…	
合計金額（円）	260	250	240	…	200

10　10　60

減り方が10円ずつだから、60÷10＝6（個）で、これがキャンディ。

13－6＝7（個）で、これがチョコレート。

2人とも正解！

式で解くときには、どちらの解き方でも手間はかわらない。
表を全部書き出すには、130円からはじめるマリと260円からはじめるケンとではどちらが先に200円のところまでいきつくかな？　わかるよね！

問題22

それぞれ何個買ったのかな？

ユミの家に友だちがたくさん遊びに来ることになった。ユミはケーキ屋に行き、1個80円のシュークリームと1個120円のショートケーキを合計15個買うと、シュークリームの代金はショートケーキの代金より200円多くなった。それぞれ何個買ったのかな？

答え

考えるためのヒント

シュークリームの代金の方が多いから、15個ともシュークリームにしてみようかな。1個80円だから、

80×15＝1200（円）

ショートケーキは1個も買ってないから、代金の差は1200円だね。

シュークリーム（80円）	15							…
ショートケーキ（120円）	0							…
代金の差（円）	1200							…

答えに自信のある人は次のページへ。
自信のない人はもう一度、解き直そう。

問題㉒ 解説と答え

表の続きをかいてみよう。

シュークリームが14個だと、ショートケーキは

15－14＝1（個）。

シュークリームの代金は、　80×14＝1120（円）。

ショートケーキの代金は、　120×1＝120（円）。

代金の差は、　1120－120＝1000（円）。

もう1つやってみようかな。

シュークリームが13個だと、ショートケーキは

15－13＝2（個）。

シュークリームの代金は　80×13＝1040（円）。

ショートケーキの代金は　120×2＝240（円）。

代金の差は　1040－240＝800（円）。

これを続けていけばこうなるね。

シュークリーム（80円）	15	14	13	12	11	10
ショートケーキ（120円）	0	1	2	3	4	5
代金の差（円）	1200	1000	800	600	400	200

シュークリーム10個、ショートケーキ5個だ！

正解！

答え　シュークリーム 10個　ショートケーキ 5個

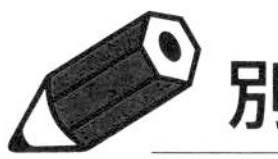

別のやり方もできるよ

マリ、式を考えてみようか。

はい！

シュークリーム(80円)	15	14	13	…	
ショートケーキ(120円)	0	1	2	…	
代金の差(円)	1200	1000	800	…	200

200　200　1000

減り方が200円ずつだから、ショートケーキの数は

1000÷200＝5(個)。

シュークリームの数は

15－5＝10(個)ね。

正解！

先生のつぶやき

80円のシュークリームが1個減って
120円のショートケーキが1個増えると、
代金の差は80×1＋120×1＝200(円) だけ減るんだよ。

問題㉓

 それぞれ何個買ったのかな？

りんごは1個200円、かきは1個100円、みかんは1個50円だ。りんご、かき、みかんをあわせて15個買うと合計金額は2000円だった。かきとみかんは同じ数ずつ買ったんだ。それぞれ何個買ったのかな？

まずは
右ページを見ないで
考えてみよう！

答え

考えるためのヒント

うーん、3つかあ。むずかしそうだなあ。

表をかいてみましょう。かきとみかんは同じ数だから、この数をまず決めればいいんじゃないかしら。

りんご(200円)	15							…
かき(100円)	0							…
みかん(50円)	0							…
合計金額(円)	3000							…

あっ！　解けそうな気がしてきた！

答えに自信のある人は次のページへ。
自信のない人はもう一度、解き直そう。

問題23 解説と答え

表の続きをかいてみるね。

かきとみかんの数を1個ずつにすると、りんごの数は

15－(1＋1)＝13(個)。　合計金額は

200×13＋100×1＋50×1＝2600＋100＋50＝2750(円)。

もう1つやってみようかな。

かきとみかんの数を2個ずつにすると、りんごの数は

15－(2＋2)＝11(個)。　合計金額は

200×11＋100×2＋50×2＝2200＋200＋100＝2500(円)だ。

りんご(200円)	15	13	11					…
かき(100円)	0	1	2					…
みかん(50円)	0	1	2					…
合計金額(円)	3000	2750	2500					…

なるほど！　250円ずつ減るんだね！　表の続きはこうなるね！

りんご(200円)	15	13	11	9	7			…
かき(100円)	0	1	2	3	4			…
みかん(50円)	0	1	2	3	4			…
合計金額(円)	3000	2750	2500	2250	2000			…

りんご7個、かき4個、みかん4個だ！

正解！

答え　りんご7個　かき4個　みかん4個

別のやり方もできるよ

マリ、式を立ててごらん。

はい！

りんご（200円）	15	13	11	…	7				…
かき（100円）	0	1	2	…	4				…
みかん（50円）	0	1	2	…	4				…
合計金額（円）	3000	2750	2500	…	2000				…

250　250
1000

減り方が250円ずつだから、かきとみかんの数はどちらも

1000÷250＝4（個）。

りんごの数は

15－（4＋4）＝7（個）ね。

または、15－4×2＝7（個）ね。

正解！

200円のりんごが2個減り、かわりに100円のかき1個と
50円のみかん1個が増えるので、合計金額は
200×2－（100×1＋50×1）＝250（円）だけ減るんだ。

問題㉔

それぞれ何個買ったのかな？

トマトは1個120円、タマネギは1個70円、ピーマンは1個30円だ。トマトはタマネギより3個多く買い、タマネギはピーマンより2個多く買ったら、合計16個で1400円だった。それぞれ何個買ったのかな？

答え

考えるためのヒント

ぼく、ピーマンは苦手だなあ。

問題なんだってば！

そうだったね。

数が一番少ないのは…ぼくのきらいなピーマンだ！

これを0個にして表をかいてみよう。

ピーマンが0個なら、タマネギは0＋2＝2（個）。

トマトは2＋3＝5（個）だね。

合計の金額は、30×0＋70×2＋120×5＝140＋600＝740（円）だ。

トマト（120円）	5								…
タマネギ（70円）	2								…
ピーマン（30円）	0								…
合計金額（円）	740								…

答えに自信のある人は次のページへ。
自信のない人はもう一度、解き直そう。

問題24 解説と答え

表の続きをかいてみるね。

ピーマンが1個だと、タマネギは

1＋2＝3（個）

トマトは

3＋3＝6（個）だね。

合計の金額は

30×1＋70×3＋120×6＝30＋210＋720＝960（円）だ。

増え方は

960－740＝220（円）ずつだから、これを続けていけばこうなるね。

トマト（120円）	5	6	7	8					…
タマネギ（70円）	2	3	4	5					…
ピーマン（30円）	0	1	2	3					…
合計金額（円）	740	960	1180	1400					…

トマト8個、タマネギ5個、ピーマン3個だ！

正解！

答え　トマト8個　タマネギ5個　ピーマン3個

別のやり方もできるよ

じゃあ、わたしは式を立ててみるわね。

トマト(120円)	5	6	…						…
タマネギ(70円)	2	3	…						…
ピーマン(30円)	0	1	…						…
合計金額(円)	740	960	…	1400					…

220　220
660

増え方が220円ずつだから、

660÷220＝3(個)で、これがピーマン。

3＋2＝5(個)で、これがタマネギ。

5＋3＝8(個)で、これがトマト！

正解！

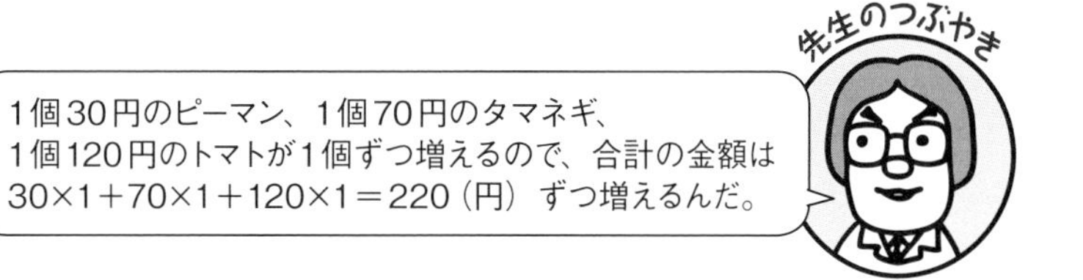

問題25

それぞれ何本買ったのかな？

ゴボウは1本180円、ニンジンは1本90円、キュウリは1本70円だ。ニンジンはキュウリの3倍の本数だけ買うと、合計24本で2800円だった。それぞれ何本買ったのかな？

まずは
右ページを見ないで
考えてみよう！

答え

考えるためのヒント

ぼく、ニンジンは…あ、問題なんだよね。

ニンジンがキュウリの3倍だから、キュウリを0本にしてみましょう。

うん！　キュウリが0本ならニンジンも0本だから、ゴボウは24本だね。

180×24＝4320（円）

これを表にしてみよう。

ゴボウ（180円）	24							…
ニンジン（90円）	0							…
キュウリ（70円）	0							…
合計金額（円）	4320							…

答えに自信のある人は次のページへ。
自信のない人はもう一度、解き直そう。

問題㉕ 解説と答え

表の続きをかくよ！

キュウリが1本だと、ニンジンは

1×3＝3（本）。

ゴボウは

24－（1＋3）＝20（本）だね。

合計の金額は

70×1＋90×3＋180×20＝70＋270＋3600＝3940（円）だ。

4320－3940＝380（円）ずつ減るので、

これを続けていけばこうなるね。

ゴボウ（180円）	24	20	16	12	8				…
ニンジン（90円）	0	3	6	9	12				…
キュウリ（70円）	0	1	2	3	4				…
合計金額（円）	4320	3940	3560	3180	2800				…

ゴボウ8本、ニンジン12本、キュウリ4本だ！

正解！

答え ゴボウ8本　ニンジン12本　キュウリ4本

別のやり方もできるよ

じゃあ、わたしは式を立ててみるわね。

ゴボウ（180円）	24	20	16	12	8				…
ニンジン（90円）	0	3	6	9	12				…
キュウリ（70円）	0	1	2	3	4				…
合計金額（円）	4320	3940	3560	3180	2800				…

380　380
1520

減り方が380円ずつだから、

1520÷380＝4（本）で、これがキュウリ。

4×3＝12（本）で、これがニンジン。

24－（4＋12）＝8（本）で、これがゴボウ！

正解！

キュウリが1本増えると、ニンジンは1×3＝3（本）増える。
キュウリとニンジンが合計1＋3＝4（本）増えるので、その分だけゴボウが減る。
つまり180×4－（90×3＋70×1）＝720－（270＋70）＝380（円）ずつ減るんだ。

ダウンロード特典

「お楽しみ卒業問題」に挑戦しよう！

ここまでよくがんばったね！
最後に「お楽しみ卒業問題」ができたら、もうバッチリだ！

おうちの人に問題をダウンロードしてもらって、
さっそく挑戦してみよう！
答えはこのページの下にあるから、
問題が解けたら答え合わせしてね。

おうちの方へ

下記より「お楽しみ卒業問題」(PDF、２問) をダウンロードいただけます。

https://d21.co.jp/special/ bunshodai

▶ユーザー名：discover3004
▶パスワード：bunshodai

お楽しみ入試問題 解答

❶ 22　❷ 115　❸ 340円
❹ 19点　❺ 4cm、6cm　❻ 4cm、6cm
❼ 2年後　❽ 5日目

ダウンロード特典 解答

❶ 8枚

❷ Aランチ33個、Bランチ27個、Cランチ17個

考える力を育てる強育ドリル

完全攻略・文章題［初級編］

発行日　2023年12月22日　第1刷

Author　宮本哲也

Illustrator　川端英樹
Book Designer　轡田昭彦＋坪井朋子

Publication　株式会社ディスカヴァー・トゥエンティワン
〒102-0093 東京都千代田区平河町2-16-1 平河町森タワー 11F
TEL 03-3237-8321（代表）　03-3237-8345（営業）
FAX 03-3237-8323
https://d21.co.jp/

Publisher　谷口奈緒美
Editor　三谷祐一

Distribution Company
飯田智樹　蛯原昇　古矢薫　山中麻吏　佐藤昌幸　青木翔平　小田木もも
松ノ下直輝　八木眸　鈴木雄大　藤井多穂子　伊藤香　鈴木洋子

Online Store & Rights Company
小田孝文　川島理　庄司知世　杉田彰子　阿知波淳平　磯部隆　王廳
大﨑双葉　近江花渚　仙田彩歌　副島杏南　滝口景太郎　田山礼真
宮田有利子　三輪真也　古川菜津子　高原未来子　中島美保　石橋佐知子
伊藤由美　金野美穂　西村亜希子

Publishing Company　大山聡子　大竹朝子　藤田浩芳　三谷祐一　小関勝則　千葉正幸
伊東佑真　榎本明日香　大田原恵美　小石亜季　志摩麻衣　舘瑞恵
野村美空　橋本莉奈　原典宏　星野悠果　牧野類　村尾純司　元木優子
安永姫菜　浅野目七重　林佳菜

Digital Innovation Company
大星多聞　森谷真一　中島俊平　馮東平　青木涼馬　宇賀神実　小野航平
佐藤サラ圭　佐藤淳基　津野主揮　中西花　西川なつか　野﨑竜海
野中保奈美　林秀樹　林秀規　廣内悠理　山田諭志　斎藤悠人　中澤泰宏
福田章平　井澤徳子　小山怜那　葛目美枝子　神日登美　千葉潤子
波塚みなみ　藤井かおり　町田加奈子

Headquarters　田中亜紀　井筒浩　井上竜之介　奥田千晶　久保裕子　福永友紀　池田望
齋藤朋子　俵敬子　宮下祥子　丸山香織

Proofreader　文字工房燦光
DTP　轡田昭彦＋坪井朋子
制作協力　株式会社RUHIA
Printing　日経印刷株式会社

・定価はカバーに表示してあります。本書の無断転載・複写は、著作権法上での例外を除き禁じられています。インターネット、モバイル等の電子メディアにおける無断転載ならびに第三者によるスキャンやデジタル化もこれに準じます。
・乱丁・落丁本はお取り替えいたしますので、小社「不良品交換係」まで着払いにてお送りください。
・本書へのご意見・ご感想は下記からご送信いただけます。
https://d21.co.jp/inquiry/

ISBN 978-4-7993-3004-3
KYOIKU DRILL KANZENKORYAKU BUNSHODAI SHOKYUHEN by Tetsuya Miyamoto

©Tetsuya Miyamoto, 2023, Printed in Japan.

宮本哲也の「強育」シリーズ　好評発売中!

『強育パズル』シリーズ　各1100円

かけ算・わり算が
得意になる九九トレ
初級編
〔小学校全学年用〕

かけ算・わり算が
得意になる九九トレ
中級編
〔小学校全学年用〕

かけ算・わり算が
得意になる九九トレ
上級編
〔小学校全学年用〕

道を作る
〔小学校全学年用〕

ナンバー・スネーク
〔小学校全学年用〕

『強育ドリル』シリーズ　各1100円

完全攻略　分数
〔小学校3年生以上〕

完全攻略　速さ
〔小学校3年生以上〕

●表示の価格はすべて税込みです。●書店にない場合は小社まで、Eメールでお問い合わせください。
Eメール：info@d21.co.jp
小社ウェブサイト（http://www.d21.co.jp）やオンライン書店（アマゾン、ブックサービス、honto、楽天ブックス、セブンアンドワイ）からもお買い求めになれます。